# 电磁场与电磁波基础

王秀敏
主　编

姜国兴
高旭彬
刘　婷
王　珍
副主编



清华大学出版社
北　京

## 内容简介

本书是面向应用技术型本科生编写的教学用书。本书的指导思想是：理论体系完整；推演论证过程简化；例题和习题题材丰富，难度适当；语言自然流畅，通读性好。内容共分8章，参考学时为48学时。重点讲述电磁场和电磁波的基本概念、基本规律和分析方法。第1章是矢量分析与场论；第2章是麦克斯韦方程组及边界条件；第3、4、5三章是静态场；第6章是时变电磁场；第7章是电磁波基础；第8章是导行电磁波。



**图书在版编目(CIP)数据**

电磁场与电磁波基础/王秀敏主编. —北京：清华大学出版社，2016（2023.12重印）
ISBN 978-7-302-42839-8

Ⅰ.①电…　Ⅱ.①王…　Ⅲ.①电磁场②电磁波　Ⅳ.①O441.4

中国版本图书馆CIP数据核字(2016)第028703号

**责任编辑**：朱红莲
**封面设计**：张京京
**责任校对**：王淑云
**责任印制**：曹婉颖

**出版发行**：清华大学出版社
**网　　址**：https://www.tup.com.cn，https://www.wqxuetang.com
**地　　址**：北京清华大学学研大厦A座　　**邮　　编**：100084
**社 总 机**：010-83470000　　**邮　　购**：010-62786544
**投稿与读者服务**：010-62776969，c-service@tup.tsinghua.edu.cn
**质量反馈**：010-62772015，zhiliang@tup.tsinghua.edu.cn
**印 装 者**：天津鑫丰华印务有限公司
**经　　销**：全国新华书店
**开　　本**：170mm×230mm　　**印　　张**：11.25　　**字　　数**：211千字
**版　　次**：2016年2月第1版　　**印　　次**：2023年12月第9次印刷
**定　　价**：35.00元

产品编号：068112-01

# 前言

# PREFACE

现代电子技术和通信技术发展迅速，门类诸多，但无论从事哪项具体工作，从业人员都必须具备坚实的电磁场和电磁波的基础知识，通晓和掌握电磁场与电磁波的基本特性、分析方法及应用。因此，电磁场与电磁波是电类各专业学生必修的专业基础课。本讲义根据2007年4月召开的高等学校信息类系列教材编审工作会议审定的编写大纲进行编写。

本书共分8章，参考学时为48学时。重点讲述电磁场和电磁波的基本概念、基本规律和分析方法。第1章是矢量分析与场论，介绍本课程需要的相关数学基础知识；第2章是电磁场基本方程，介绍电磁场中的基本方程——麦克斯韦方程组及边界条件；第3、4、5章分别是静电场基本方程及边界条件、恒定电场基本方程及边界条件、恒定磁场基本方程及边界条件，介绍这几种静态场中的基本概念、基本方程及分析方法；第6章是时变电磁场基本方程及边界条件，介绍时变电磁场中的基本概念、基本方程及分析方法；第7章是电磁波基础，介绍均匀平面电磁波在媒质中的传播特性；第8章是导行电磁波，介绍波导中电磁波的传输特性。

本书突出特色有四点：(1)理论体系完整。虽然面向应用技术型本科生编写，但理论内容基本保留，保证课程基本要求不缩水。(2)推演论证过程简化。与高等数学和普通物理课程密切结合，把本课程中一些抽象的数学推演和论证适当简化，降低学习难度。(3)例题和习题题材丰富，难度适当。保留一些难度适当的经典题目，修改难度大的经典题目，增补从实践工作抽象出来的但难度不大的题目，以适应学生不同需求。(4)通读性好。语言风格力求自然流畅、通俗易懂，少用晦涩的专业术语，在每章内容结束时都做本章的总结，这些都将利于学生的预习和复习。

本书第1章由高旭彬老师编写，第2～6章由王秀敏老师编写，第4章及所有课后习题选编由王珍老师编写，第7章由刘婷老师编写，第8章由姜国兴老师编写，全书统稿由王秀敏老师完成。在编写过程中，大连理工大学城市学院的王鲁云、黄超、姜绍君三位老师提出了一些有益的建议，大连海事大学通信工程14级马赫同学对课后习题进行了试做和答案的校对，在此一并表示感谢。

虽然编者在编写过程中力求完美，不断修改和完善，也难免有疏漏之处，恳请各位老师和同学提出修改意见。

编　者

2015年12月于大连

# 目录

CONTENTS

# 第1章 矢量分析与场论

电磁场是矢量场,矢量分析是研究电磁场特性的基本方法。本章主要介绍电磁场理论课程中涉及的矢量分析及场论的基础知识,为后续电磁场理论的学习奠定基础。

## 1.1 矢量的基本运算

矢量的基本运算包括矢量的加、减运算,矢量的相乘,矢量的导数、积分运算等。

### 1.1.1 矢量的加减运算

设有两个矢量,在直角坐标系中分别表示为

$$\boldsymbol{A}=A_x\boldsymbol{i}+A_y\boldsymbol{j}+A_z\boldsymbol{k}$$

$$\boldsymbol{B}=B_x\boldsymbol{i}+B_y\boldsymbol{j}+B_z\boldsymbol{k}$$

则两个矢量的加、减运算可由其对应分量相加或者相减来算出,即

$$\boldsymbol{A}\pm\boldsymbol{B}=(A_x\pm B_x)\boldsymbol{i}+(A_y\pm B_y)\boldsymbol{j}+(A_z\pm B_z)\boldsymbol{k} \tag{1-1}$$

### 1.1.2 矢量的标量积和矢量积

两矢量相乘,结果有两种:结果为标量的称为矢量的**标量积**,也称为矢量的**点乘**,记为 $\boldsymbol{A}\cdot\boldsymbol{B}$;结果为矢量的称为矢量的**矢量积**,也称为矢量的**叉乘**,记为 $\boldsymbol{A}\times\boldsymbol{B}$。

(1) 两矢量点乘,结果为标量,大小等于两矢量的大小及两矢量夹角余弦的乘积。两矢量 $\boldsymbol{A}$ 和 $\boldsymbol{B}$ 的点乘可写为

$$\boldsymbol{A}\cdot\boldsymbol{B}=AB\cos\alpha \tag{1-2}$$

式中,$\alpha$ 为矢量 $\boldsymbol{A}$ 和 $\boldsymbol{B}$ 正向的夹角。若 $0°\leqslant\alpha<90°$,$\boldsymbol{A}\cdot\boldsymbol{B}$ 结果为正;若 $\alpha=90°$,$\boldsymbol{A}\cdot\boldsymbol{B}$ 结果为零;若 $90°<\alpha\leqslant180°$,$\boldsymbol{A}\cdot\boldsymbol{B}$ 结果为负。在直角坐标系中,两矢量的

点乘也可以用下式计算：

$$\boldsymbol{A}\cdot\boldsymbol{B}=A_xB_x+A_yB_y+A_zB_z \tag{1-3}$$

(2) 两矢量叉乘，结果为矢量，大小等于两矢量的大小及两矢量夹角正弦的乘积，即

$$|\boldsymbol{A}\times\boldsymbol{B}|=AB\sin\alpha \tag{1-4}$$

方向与 **A**、**B** 成右手螺旋关系，即：右手四指与拇指相互垂直，当右手四指从 **A** 经小于 $\pi$ 的角转向 **B** 时，拇指伸直时所指的方向即为叉乘结果方向。在直角坐标系中，两矢量的叉乘也可利用行列式计算如下：

$$\boldsymbol{A}\times\boldsymbol{B}=\begin{vmatrix}\boldsymbol{i} & \boldsymbol{j} & \boldsymbol{k}\\ A_x & A_y & A_z\\ B_x & B_y & B_z\end{vmatrix} \tag{1-5}$$

**例题 1-1** 已知两矢量 $\boldsymbol{A}=2\boldsymbol{i}+4\boldsymbol{j}-3\boldsymbol{k}$，$\boldsymbol{B}=\boldsymbol{i}-\boldsymbol{j}$。试求：(1)$\boldsymbol{A}\cdot\boldsymbol{B}$；(2)$\boldsymbol{A}\times\boldsymbol{B}$。

**解** (1) 根据直角坐标系中两矢量点乘计算公式，可得

$$\boldsymbol{A}\cdot\boldsymbol{B}=A_xB_x+A_yB_y+A_zB_z=2\times1+4\times(-1)+(-3)\times0=-2$$

(2) 根据直角坐标系中两矢量叉乘计算公式，利用行列式计算可得

$$\begin{aligned}\boldsymbol{A}\times\boldsymbol{B}&=\begin{vmatrix}\boldsymbol{i} & \boldsymbol{j} & \boldsymbol{k}\\ A_x & A_y & A_z\\ B_x & B_y & B_z\end{vmatrix}\\ &=\begin{vmatrix}\boldsymbol{i} & \boldsymbol{j} & \boldsymbol{k}\\ 2 & 4 & -3\\ 1 & -1 & 0\end{vmatrix}\\ &=0+(-2\boldsymbol{k})+(-3\boldsymbol{j})-4\boldsymbol{k}-3\boldsymbol{i}-0\\ &=-3\boldsymbol{i}-3\boldsymbol{j}-6\boldsymbol{k}\end{aligned}$$

**例题 1-2** 已知两矢量 $\boldsymbol{A}=3\boldsymbol{i}+4\boldsymbol{j}+\boldsymbol{k}$，$\boldsymbol{B}=a\boldsymbol{i}+b\boldsymbol{j}$。试求：为使 $\boldsymbol{B}\perp\boldsymbol{A}$，且 **B** 的模 $B=1$，两个待定系数 $a$、$b$ 的值。

**解** 因 $\boldsymbol{B}\perp\boldsymbol{A}$，两矢量方向间夹角为 90°，cos90°=0，则有 $\boldsymbol{A}\cdot\boldsymbol{B}=0$，即

$$\boldsymbol{A}\cdot\boldsymbol{B}=3a+4b=0 \tag{1}$$

又因 $B=1$，得

$$\sqrt{a^2+b^2}=1 \tag{2}$$

解由式(1)和式(2)构成的方程组，得(两组解)

$$a=\frac{4}{5},\quad b=-\frac{3}{5};$$

$$a=-\frac{4}{5},\quad b=\frac{3}{5}。$$

### 1.1.3　矢量的三重积

矢量的三重积又称矢量的三连乘，也分两种情况，其结果也分别为标量和矢量。

(1) 标量三重积。结果为标量，运算满足的关系为

$$\boldsymbol{A}\cdot(\boldsymbol{B}\times\boldsymbol{C})=\boldsymbol{B}\cdot(\boldsymbol{C}\times\boldsymbol{A})=\boldsymbol{C}\cdot(\boldsymbol{A}\times\boldsymbol{B}) \tag{1-6}$$

(2) 矢量三重积。结果为矢量，运算满足的关系为

$$\boldsymbol{A}\times(\boldsymbol{B}\times\boldsymbol{C})=\boldsymbol{B}(\boldsymbol{A}\cdot\boldsymbol{C})-\boldsymbol{C}(\boldsymbol{A}\cdot\boldsymbol{B}) \tag{1-7}$$

### 1.1.4　矢量函数的导数与积分

在时变电磁场中经常遇到矢量不是常量，而是随时间变化的情况，即矢量是以时间 $t$ 为参量的函数，记为 $\boldsymbol{A}(t)$。若矢量为随时间变化的函数，则矢量在直角坐标系中各坐标轴上的分量 $A_x(t)$、$A_y(t)$、$A_z(t)$也是随时间变化的函数。在直角坐标系中，矢量函数 $\boldsymbol{A}(t)$可表示为

$$\boldsymbol{A}(t)=A_x(t)\boldsymbol{i}+A_y(t)\boldsymbol{j}+A_z(t)\boldsymbol{k}$$

式中，$\boldsymbol{i}$、$\boldsymbol{j}$、$\boldsymbol{k}$ 分别为 $x$、$y$、$z$ 三坐标轴方向的单位矢量，是不随时间变化的常矢量。

(1) 矢量函数的导数。若上式中 $A_x(t)$、$A_y(t)$、$A_z(t)$都是可导的，则矢量函数 $\boldsymbol{A}(t)$的导数可通过下式进行运算：

$$\frac{\mathrm{d}\boldsymbol{A}(t)}{\mathrm{d}t}=\frac{\mathrm{d}A_x(t)}{\mathrm{d}t}\boldsymbol{i}+\frac{\mathrm{d}A_y(t)}{\mathrm{d}t}\boldsymbol{j}+\frac{\mathrm{d}A_z(t)}{\mathrm{d}t}\boldsymbol{k} \tag{1-8}$$

(2) 矢量函数的积分。与求导数方法类似，矢量函数的积分可通过下式进行运算：

$$\int_0^t \boldsymbol{A}(t)\mathrm{d}t=\int_0^t A_x(t)\mathrm{d}t\boldsymbol{i}+\int_0^t A_y(t)\mathrm{d}t\boldsymbol{j}+\int_0^t A_z(t)\mathrm{d}t\boldsymbol{k} \tag{1-9}$$

**例题 1-3**　已知一矢量函数为 $\boldsymbol{A}(t)=t^2\boldsymbol{i}+5t\boldsymbol{j}+3\boldsymbol{k}$。试求：此矢量函数对时间的一阶导数。

**解**　根据矢量函数导数公式，可得

$$\frac{\mathrm{d}\boldsymbol{A}(t)}{\mathrm{d}t}=\frac{\mathrm{d}(t^2)}{\mathrm{d}t}\boldsymbol{i}+\frac{\mathrm{d}(5t)}{\mathrm{d}t}\boldsymbol{j}+\frac{\mathrm{d}(3)}{\mathrm{d}t}\boldsymbol{k}=2t\boldsymbol{i}+5\boldsymbol{j}$$

**例题 1-4**　已知一矢量函数为 $\boldsymbol{A}(t)=t^2\boldsymbol{i}+5t\boldsymbol{j}+3\boldsymbol{k}$。试求：此矢量函数在 $0\sim t$ 时间段的积分。

**解**　根据矢量函数积分公式，可得

$$\int_0^t \boldsymbol{A}(t)\mathrm{d}t=\int_0^t t^2\mathrm{d}t\boldsymbol{i}+\int_0^t 5t\mathrm{d}t\boldsymbol{j}+\int_0^t 3\mathrm{d}t\boldsymbol{k}=\frac{1}{3}t^3\boldsymbol{i}+\frac{5}{2}t^2\boldsymbol{j}+3t\boldsymbol{k}$$

## 1.2 矢量场的通量与散度

如果在一个空间区域中，某物理系统的状态可以用一个随空间位置和时间变化的函数来描述(即每时刻区域中每个点的对应函数都有一个确定值)，则在此区域中就确定了该物理系统的一种场。例如，地球表面附近重力加速度的分布就是一个重力场。场的一个重要属性是它占有一个空间，把物理状态作为空间和时间的函数来描述，而且，在此空间区域中，除了有限个点或某些表面外，该函数是处处连续的。

如果场中描述物理状态的函数与时间无关，这个场称为**静态场**。地球表面的重力场即是一个静态场；若场中描述状态的函数与时间有关，则称该场为**动态场**或**时变场**，交流电周围的磁场即是一个时变场。若描述场的物理量是个矢量，则该场称为**矢量场**，重力场、电场等都是矢量场；若描述场的物理量是个标量，则该场称为**标量场**，电位场、密度场等都是标量场。

对于描述场的物理量进行分析，并由物理量的特点分析场的性质，属于数学中"场论"的内容。场量的分析主要包括三个方面：矢量场的通量与散度、矢量场的环流与旋度、标量场的方向导数与梯度。本节介绍矢量场的通量与散度相关内容。

### 1.2.1 矢量场的通量

在矢量场中，各点的场量是随空间位置变化的矢量，在直角坐标系中，描述该场的函数可以表示为

$$\boldsymbol{A}(r)=A_x\boldsymbol{i}+A_y\boldsymbol{j}+A_z\boldsymbol{k}$$

为了形象描述矢量函数 $\boldsymbol{A}(r)$在场中的分布情况，我们可以在场中引入一些有向的曲线，称为**矢量线**(或场线)。静电场中的电场线和磁场中的磁感应线都是这类矢量线。关于矢量线，有如下两个规定：(1)在矢量线上，任一点的切线方向与该点的场矢量方向相同，如图 1-1 所示；(2)在场中，与矢量线垂直方向上单位面积内通过的矢量线的条数等于该处场矢量的大小。

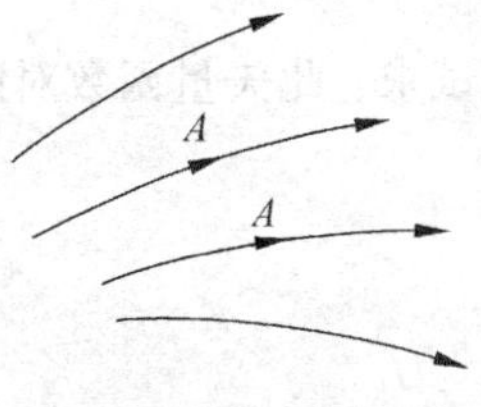

图 1-1 矢量场的场线

在矢量场中，通过某一面积的矢量线的条数称为该面积的**通量**。根据上述矢量线规定(2)可知，在匀强场中，矢量线应处处彼此平行且间距相等，则场矢量大小为 $A$ 的矢量场中，通过面积为 $S$ 的平面的通量为

$$\Psi=\boldsymbol{A}\cdot\boldsymbol{S}=AS\cos\theta$$

式中，$\theta$ 表示场矢量与平面法向间的夹角。若计算非均匀场中通过曲面的通量，如图 1-2 所示，可以把该面划分成无数个小的面积元 $\mathrm{d}\boldsymbol{s}$。由于面积元无限小，因此可以认为面积元是一个小的平面，而且可以认为在面积元所在处场是均匀分布的。设面积元的法向与该处场矢量方向的夹角为 $\theta$，则通过面元 $\mathrm{d}\boldsymbol{s}$ 的通量为

$$\mathrm{d}\Psi = \boldsymbol{A} \cdot \mathrm{d}\boldsymbol{s}$$

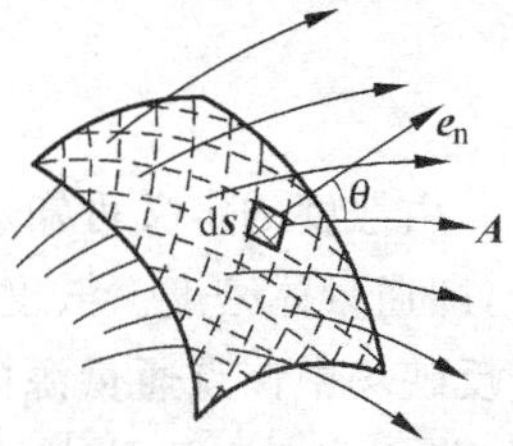

图 1-2　矢量场的通量

通过整个曲面的通量等于通过所有面元通量之和，即

$$\Psi = \int_S \mathrm{d}\Psi = \int_S \boldsymbol{A} \cdot \mathrm{d}\boldsymbol{s} \tag{1-10}$$

如果面是一个闭合曲面，则通过此闭合曲面的通量可以表示为

$$\Psi = \oint_S \boldsymbol{A} \cdot \mathrm{d}\boldsymbol{s} \tag{1-11}$$

由通量的定义不难看出：对于闭合曲面(通常规定自内向外为面的法向)，当矢量线从曲面内向外穿出时，面法向与场矢量方向的夹角取值范围为 $0° \leqslant \theta < 90°$，对应通量 $\Psi > 0$；当矢量线与曲面平行时，对应的 $\theta = 90°$，则 $\Psi = 0$；当矢量线从曲面外向内进入时，对应的 $90° < \theta \leqslant 180°$，则 $\Psi < 0$。或者反过来说，当 $\Psi > 0$ 时，说明穿出闭合曲面的通量多于进入的通量，此时闭合曲面内必有发出矢量线的源，称为**正通量源**，静电场中的正电荷就是发出电场线的正通量源；当 $\Psi < 0$ 时，说明进入曲面的通量多于穿出曲面的通量，此时闭合曲面内必有汇集矢量线的源，称为**负通量源**，静电场中的负电荷就是发出电场线的负通量源；当 $\Psi = 0$ 时，说明穿出和进入闭合曲面的通量一样多，此时闭合曲面内正通量源与负通量源的代数和为零，或者闭合曲面内无通量源。可见，根据分析场矢量对应的闭合面通量值的正负，可推断对应场域的通量源情况，这就是前面提到的根据场矢量分析场性质的基本方法。

### 1.2.2　矢量场的散度

矢量场中穿过闭合曲面的通量是一个积分量，它反映的是闭合曲面中源的总特性，不能反映场域内每一个点的通量特性。为了反映场域内每一个点的通量特性，我们需要把包围该点的闭合曲面向该点无限收缩，进而，我们引入矢量场散度的概念。

在矢量场中任一点 $P$ 处做一个包围该点的闭合曲面 $S$，当闭合曲面 $S$ 所限定的体积 $\Delta V$ 以任意方式无限趋近于 0 时，比值 $\dfrac{\oint_S \boldsymbol{A} \cdot \mathrm{d}\boldsymbol{s}}{\Delta V}$ 的极限称为矢量 $\boldsymbol{A}$ 在

点 $P$ 处的**散度**，记为 $\mathrm{div}\boldsymbol{A}$，即

$$\mathrm{div}\boldsymbol{A} = \lim_{\Delta V \to 0} \frac{\oint_S \boldsymbol{A} \cdot \mathrm{d}\boldsymbol{s}}{\Delta V} \tag{1-12}$$

由散度的定义可知：(1)散度是标量，它是场矢量通过某点处单位体积的通量，即通量体密度。散度的大小描述了场中该点的通量源的强度。(2)散度的正负反映场中该点通量源的性质。若 $\mathrm{div}\boldsymbol{A}>0$，则该点处有发出矢量线的正通量源；若 $\mathrm{div}\boldsymbol{A}<0$，则该点处有汇集矢量线的负通量源；若 $\mathrm{div}\boldsymbol{A}=0$，则该点处无通量源。一般的，我们称 $\mathrm{div}\boldsymbol{A}\neq 0$ 的场为发散场，$\mathrm{div}\boldsymbol{A}=0$ 的场为非发散场。

在直角坐标系中，矢量 $\boldsymbol{A}=A_x\boldsymbol{i}+A_y\boldsymbol{j}+A_z\boldsymbol{k}$ 的散度可以通过下式计算(推导过程省略)：

$$\mathrm{div}\boldsymbol{A}=\nabla\cdot\boldsymbol{A}=\frac{\partial A_x}{\partial x}+\frac{\partial A_y}{\partial y}+\frac{\partial A_z}{\partial z} \tag{1-13}$$

式(1-13)表明，矢量的散度是标量，其值等于该矢量在三个坐标方向分量沿各自方向变化率之和；式中，符号“$\nabla$”称为**哈密顿算符**，也称为**矢量微分算子**，

$$\nabla=\frac{\partial}{\partial x}\boldsymbol{i}+\frac{\partial}{\partial y}\boldsymbol{j}+\frac{\partial}{\partial z}\boldsymbol{k} \tag{1-14}$$

式(1-14)表明，哈密顿算符兼有矢量和微分运算双重功能，当它作用于某矢量时，先按矢量规则展开，再作微分运算。下面以式(1-13)为例，看一下哈密顿算符的使用方法

$$\begin{aligned}\nabla\cdot\boldsymbol{A}&=\left(\frac{\partial}{\partial x}\boldsymbol{i}+\frac{\partial}{\partial y}\boldsymbol{j}+\frac{\partial}{\partial z}\boldsymbol{k}\right)\cdot(A_x\boldsymbol{i}+A_y\boldsymbol{j}+A_z\boldsymbol{k})\\&=\frac{\partial A_x}{\partial x}+\frac{\partial A_y}{\partial y}+\frac{\partial A_z}{\partial z}\end{aligned}$$

**例题 1-5** 已知矢量 $\boldsymbol{A}=3x\boldsymbol{i}+y^2\boldsymbol{j}+xyz\boldsymbol{k}$。试求：矢量在点 $P(1,1,0)$ 处的散度。

**解**
$$\nabla\cdot\boldsymbol{A}=\frac{\partial(3x)}{\partial x}+\frac{\partial(y^2)}{\partial y}+\frac{\partial(xyz)}{\partial z}=3+2y+xy$$

把 $P$ 点坐标代入上式，可得矢量在 $P$ 点的散度为

$$\nabla\cdot\boldsymbol{A}|_P=3+2\times1+1\times1=6$$

散度值为正，说明场中 $P$ 点处有正的通量源。

**例题 1-6** 已知点电荷 $q$ 在离其 $r$ 处产生的电位移矢量为 $\boldsymbol{D}=\frac{q}{4\pi r^3}\boldsymbol{r}$，式中 $\boldsymbol{r}=x\boldsymbol{i}+y\boldsymbol{j}+z\boldsymbol{k}$，$r=(x^2+y^2+z^2)^{\frac{1}{2}}$。试求：(1)场中任意点处电位移矢量的散度 $\nabla\cdot\boldsymbol{D}$；(2)场中穿过以 $r$ 为半径的球面的电通量 $\Psi_e$。

**解** (1) 根据已知，把电位移矢量写成直角坐标系中的形式为

$$\boldsymbol{D}=\frac{q}{4\pi}\frac{x\boldsymbol{i}+y\boldsymbol{j}+z\boldsymbol{k}}{(x^2+y^2+z^2)^{3/2}}=D_x\boldsymbol{i}+D_y\boldsymbol{j}+D_z\boldsymbol{k}$$

对电位移矢量三个坐标轴上的分量分别求对应方向的偏导数，为

$$\begin{aligned}\frac{\partial D_x}{\partial x}&=\frac{q}{4\pi}\frac{\partial}{\partial x}\left[\frac{x}{(x^2+y^2+z^2)^{\frac{3}{2}}}\right]\\&=\frac{q}{4\pi}\left[\frac{(x^2+y^2+z^2)^{\frac{3}{2}}-x\cdot\frac{3}{2}(x^2+y^2+z^2)^{\frac{1}{2}}\cdot 2x}{(x^2+y^2+z^2)^3}\right]\\&=\frac{q}{4\pi}\frac{r^3-3x^2r}{r^6}\\&=\frac{q}{4\pi}\frac{r^2-3x^2}{r^5}\end{aligned}$$

同理可得其他两个分量的导数分别为

$$\frac{\partial D_y}{\partial y}=\frac{q}{4\pi}\frac{r^2-3y^2}{r^5},\quad \frac{\partial D_z}{\partial z}=\frac{q}{4\pi}\frac{r^2-3z^2}{r^5}$$

电位移矢量的散度为

$$\nabla\cdot\boldsymbol{D}=\frac{\partial D_x}{\partial x}+\frac{\partial D_y}{\partial y}+\frac{\partial D_z}{\partial z}=\frac{q}{4\pi}\frac{3r^2-3(x^2+y^2+z^2)}{r^5}=0$$

可见，除点电荷所在源点($r=0$)外，空间各点的电位移矢量的散度为零，即场中其他位置无通量源。

(2) 根据通量的计算式，可得闭合面的通量为

$$\Psi_e=\oint_S\boldsymbol{D}\cdot d\boldsymbol{s}=\frac{q}{4\pi r^3}\oint_S\boldsymbol{r}\cdot\boldsymbol{e}_r ds=\frac{q}{4\pi r^2}\oint_S ds=q$$

此结果表明，在此球面上所穿过的电通量 $\Psi_e$ 的源正是点电荷 $q$。

### 1.2.3 散度定理

由前面的分析可知，矢量场在某点的散度表示的是该处单位体积的通量，因此，矢量场散度的体积分应等于该矢量场通过包围该体积的封闭面的总通量(具体推导过程从略)，即

$$\int_V\nabla\cdot\boldsymbol{A}dv=\oint_S\boldsymbol{A}\cdot d\boldsymbol{s}\tag{1-15}$$

式(1-15)表达的内容称为**散度定理**(也称为**高斯定理**)：矢量场中某矢量的散度在体积 $V$ 上的体积分等于该矢量在包围该体积的闭合面 $S$ 上的面积分。散度定理给出了矢量的散度的体积分与该矢量的闭合曲面面积分之间的一个变换关系，是矢量分析中的一个重要的恒等式，在电磁场理论中会经常用到。

**例题 1-7** 已知球面 $S$ 上任意点的位置矢量为 $\boldsymbol{r}=x\boldsymbol{i}+y\boldsymbol{j}+z\boldsymbol{k}=r\boldsymbol{e}_r$（$\boldsymbol{e}_r$ 为球面上沿径向的单位矢量）。试求：$\oint_S \boldsymbol{r}\cdot \mathrm{d}\boldsymbol{s}$。

**解** 根据已知，先求解矢量的散度为

$$\nabla\cdot\boldsymbol{r}=\frac{\partial r_x}{\partial x}+\frac{\partial r_y}{\partial y}+\frac{\partial r_z}{\partial z}=3$$

根据散度定理，矢量在闭合面上的面积分等于矢量散度在闭合面包围体积上的体积分，即

$$\oint_S \boldsymbol{r}\cdot\mathrm{d}\boldsymbol{s}=\int_V \nabla\cdot\boldsymbol{r}\mathrm{d}v=3\int_V \mathrm{d}v=3\times\frac{4}{3}\pi r^3=4\pi r^3$$

## 1.3 矢量场的环流与旋度

矢量场的环流与旋度也是描述矢量场性质的重要物理量，通过这两个场量的分析可以得到场域的旋涡性及场中某点的旋涡源的性质。

### 1.3.1 矢量场的环流

矢量 $\boldsymbol{A}$ 沿场中某一闭合路径的线积分，称为矢量 $\boldsymbol{A}$ 沿该路径的**环流**，记为

$$\Gamma=\oint_L \boldsymbol{A}\cdot\mathrm{d}\boldsymbol{l} \tag{1-16}$$

式中，$\mathrm{d}\boldsymbol{l}$ 为闭合路径上线元矢量，其大小为 $\mathrm{d}l$，方向为该处路径的切线方向（指向路径的绕行正方向一侧），如图 1-3 所示；一般将闭合路径的绕行正方向规定为：当沿着闭合路径的绕行正方向前进时闭合路径所包围的面积在其左侧，而路径包围面积的法向规定为与路径绕行方向成右手螺旋关系。

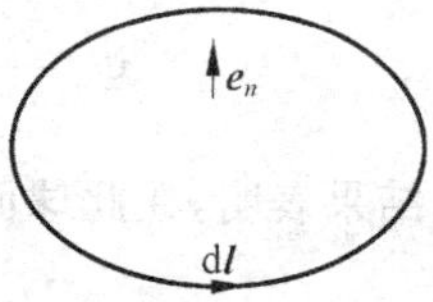

图 1-3 路径正方向

矢量场的场矢量沿闭合路径的环流与矢量穿过闭合曲面的通量一样，都是描述矢量场性质的重要的量。例如，普通物理电磁学中研究的静电场中电场强度的环流为零，即 $\oint_L \boldsymbol{E}\cdot\mathrm{d}\boldsymbol{l}=0$，为什么呢？环流为零反映了场怎样的性质呢？静电场场强沿闭合路径的线积分之所以为零，是因为静电场中场强线是有头有尾、不闭合的线，场矢量沿闭合路径进行线积分时，会出现正负量相互抵消的情况，进而使得闭合路径的总积分为零。反过来，如果一个矢量场中，场矢量沿闭合路径线积分为零，我们可以推断此场中的场线是有头有尾的线，而不是闭合的场线，即这样的场中没有产生闭合场线的源。再如，恒定磁场的安培环路定理表明：磁场强度 $\boldsymbol{H}$ 沿闭合路径的环

流等于闭合路径内包围的电流的代数和，即$\oint_L \boldsymbol{H}\cdot d\boldsymbol{l}=I$，这又如何分析，又反映了场怎样的性质呢？与前面类似，可分析如下：恒定磁场中磁场强度沿闭合路径的线积分之所以不为零，是因为恒定磁场中场线是无头无尾的闭合线，场矢量沿闭合路径进行线积分时，不会出现正负量相互抵消的情况。反过来，如果一个矢量场中，场矢量沿闭合路径的线积分不为零，我们则可以推断这个场中的场线是无头无尾的闭合线，这样的场中有产生闭合场线的源，我们称为**旋涡源**。恒定磁场中的旋涡源即是闭合回路包围的电流。综合以上可知：矢量场中场矢量的环流是否为零反映了场中该区域是否有旋涡源，场是否具备旋涡性。

### 1.3.2　矢量场的旋度

与矢量通过闭合面的通量一样，矢量沿闭合路径的环流也是场中一个区域的积分量，反映的是场中一个宏观大区域的性质。为反映场中给定点 $P$ 附近的环流状态，我们需要把闭合曲线向 $P$ 点无限缩小，使它包围的面积 $\Delta s$ 趋近于零，极限 $\lim\limits_{\Delta s\to 0}\dfrac{\oint_L \boldsymbol{A}\cdot d\boldsymbol{l}}{\Delta s}$ 称为矢量 $\boldsymbol{A}$ 在 $P$ 点处的**环流面密度**，或称**环流强度**。

对于一个确定的回路，回路包围的面积可以多种选择，所取面元 $\Delta s$ 的方向也不尽相同，对应于一个闭合回路的环流面密度会有多个结果。为方便不同的场之间的比较，我们用场中某点矢量环流面密度的最大值作为衡量标准，并定义其为**矢量的旋度**：矢量的旋度大小等于该处环流面密度的最大值，方向沿着使环流面密度取得最大值的面元的法线方向。矢量的旋度记为 rot$\boldsymbol{A}$（或 curl$\boldsymbol{A}$），即

$$\mathrm{rot}\boldsymbol{A}=\lim_{\Delta s\to 0}\left[\frac{\oint_L \boldsymbol{A}\cdot d\boldsymbol{l}}{\Delta s}\right]_{\max}\boldsymbol{e}_n \tag{1-17}$$

矢量的旋度反映的是场中某点处的旋涡源的强度。对于场中某点，当 rot$\boldsymbol{A}=\boldsymbol{0}$ 时，表明该处无旋涡源。若场中某区域处处 rot$\boldsymbol{A}=\boldsymbol{0}$，则称该区域为无旋场或保守场；当 rot$\boldsymbol{A}\neq\boldsymbol{0}$，表明该处有旋涡源。

直角坐标系中，矢量函数 $\boldsymbol{A}(t)=A_x(t)\boldsymbol{i}+A_y(t)\boldsymbol{j}+A_z(t)\boldsymbol{k}$ 的旋度可以通过下式计算（推导过程省略）

$$\mathrm{rot}\boldsymbol{A}=\nabla\times\boldsymbol{A}=\left(\frac{\partial}{\partial x}\boldsymbol{i}+\frac{\partial}{\partial y}\boldsymbol{j}+\frac{\partial}{\partial z}\boldsymbol{k}\right)\times[A_x\boldsymbol{i}+A_y\boldsymbol{j}+A_z\boldsymbol{k}] \tag{1-18}$$

此式也可用行列式计算为

$$\nabla\times\boldsymbol{A}=\begin{vmatrix}\boldsymbol{i} & \boldsymbol{j} & \boldsymbol{k}\\ \dfrac{\partial}{\partial x} & \dfrac{\partial}{\partial y} & \dfrac{\partial}{\partial z}\\ A_x & A_y & A_z\end{vmatrix} \tag{1-19}$$

**例题 1-8** 已知描述场的矢量函数为 $\boldsymbol{A}=(x+y)^2\boldsymbol{i}+yz\boldsymbol{j}+xz\boldsymbol{k}$。试求：场中点 $P(1,2,1)$ 处矢量的旋度。

**解** 由旋度的计算公式，可得

$$\begin{aligned}\nabla\times\boldsymbol{A}&=\begin{vmatrix}\boldsymbol{i} & \boldsymbol{j} & \boldsymbol{k}\\ \dfrac{\partial}{\partial x} & \dfrac{\partial}{\partial y} & \dfrac{\partial}{\partial z}\\ (x+y)^2 & yz & xz\end{vmatrix}\\ &=\frac{\partial(xz)}{\partial y}\boldsymbol{i}+\frac{\partial(x+y)^2}{\partial z}\boldsymbol{j}+\frac{\partial(yz)}{\partial x}\boldsymbol{k}-\left[\frac{\partial(x+y)^2}{\partial y}\boldsymbol{k}+\frac{\partial(yz)}{\partial z}\boldsymbol{i}+\frac{\partial(xz)}{\partial x}\boldsymbol{j}\right]\\ &=-y\boldsymbol{i}-z\boldsymbol{j}-2(x+y)\boldsymbol{k}\end{aligned}$$

代入 $P$ 点坐标值，可得矢量在 $P$ 点的旋度为

$$\nabla\times\boldsymbol{A}|_P=-2\boldsymbol{i}-\boldsymbol{j}-6\boldsymbol{k}$$

### 1.3.3 斯托克斯定理

由前面的分析可知，矢量场在某点的旋度是环流的面密度，表示的是场中该处单位面积的环流，因此，矢量场旋度的面积分应等于该矢量沿包围面积的闭合环路的总环流（具体推导过程从略），即

$$\int_S(\nabla\times\boldsymbol{A})\cdot\mathrm{d}\boldsymbol{s}=\oint_L\boldsymbol{A}\cdot\mathrm{d}\boldsymbol{l} \tag{1-20}$$

式(1-20)表达的内容称为**斯托克斯定理**：矢量场中某矢量的旋度在面积 $S$ 上的面积分等于该矢量沿包围该面积的闭合回路 $L$ 上的线积分。斯托克斯定理给出了矢量的旋度的面积分与该矢量沿闭合回路线积分之间的变换关系，是矢量分析中的另外一个重要的恒等式，在以后学习的电磁场理论中也会经常用到。

**例题 1-9** 已知描述矢量场的函数为

$$\boldsymbol{A}=(2x-y)\boldsymbol{i}-(yz^2)\boldsymbol{j}-(y^2z)\boldsymbol{k}$$

试求：(1)矢量沿闭合回路 $x^2+y^2=a^2\ (z=0)$ 的环流；(2)矢量的旋度表达式；(3)对于此闭合回路验证斯托克斯定理。

**解**　(1) 由于闭合回路在 $xOy$ 平面上，线元可表示为 $\mathrm{d}\boldsymbol{l}=\mathrm{d}x\boldsymbol{i}+\mathrm{d}y\boldsymbol{j}$，如图 1-4 所示。根据环流公式，有

$$\oint_L \boldsymbol{A}\cdot\mathrm{d}\boldsymbol{l}=\oint_L \boldsymbol{A}\cdot(\mathrm{d}x\boldsymbol{i}+\mathrm{d}y\boldsymbol{j})$$
$$=\oint_L[(2x-y)\boldsymbol{i}-(yz^2)\boldsymbol{j}-(y^2z)\boldsymbol{k}]\cdot(\mathrm{d}x\boldsymbol{i}+\mathrm{d}y\boldsymbol{j})$$

根据已知，上式中 $z=0$，则有

$$\oint_L \boldsymbol{A}\cdot\mathrm{d}\boldsymbol{l}=\oint_L(2x-y)\boldsymbol{i}\cdot(\mathrm{d}x\boldsymbol{i}+\boldsymbol{j}\mathrm{d}y)$$
$$=\oint_L(2x-y)\mathrm{d}x$$

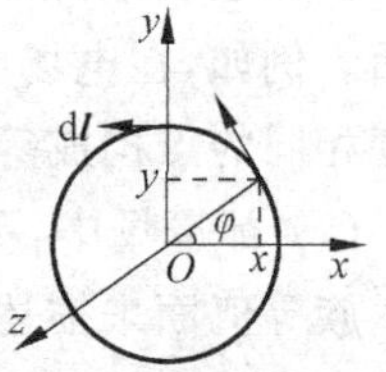

图 1-4　例题 1-9 用图

此式中有两个积分变量，为统一变量，设线元对应半径与 $Ox$ 轴正向夹角为 $\varphi$，则线元所在处坐标可分别表示为

$$x=a\cos\varphi,\quad y=a\sin\varphi$$

代入上式，则有

$$\oint_L \boldsymbol{A}\cdot\mathrm{d}\boldsymbol{l}=\int_0^{2\pi}(2a\cos\varphi-a\sin\varphi)(-a\sin\varphi)\mathrm{d}\varphi$$
$$=\int_0^{2\pi}[-a^2\sin(2\varphi)+a^2\sin^2\varphi]\mathrm{d}\varphi$$
$$=\pi a^2$$

(2) 根据旋度公式，利用行列式计算可得

$$\nabla\times\boldsymbol{A}=\begin{vmatrix}\boldsymbol{i} & \boldsymbol{j} & \boldsymbol{k}\\ \dfrac{\partial}{\partial x} & \dfrac{\partial}{\partial y} & \dfrac{\partial}{\partial z}\\ 2x-y & -yz^2 & -y^2z\end{vmatrix}$$
$$=(-2yz+2yz)\boldsymbol{i}+(0-0)\boldsymbol{j}+(0+1)\boldsymbol{k}$$
$$=\boldsymbol{k}$$

(3) 闭合回路包围面积的法向为 $z$ 轴正向，对于闭合回路包围的面积计算矢量旋度的面积分，可得

$$\int_S(\nabla\times\boldsymbol{A})\cdot\mathrm{d}\boldsymbol{s}=\int_S\boldsymbol{k}\cdot\boldsymbol{k}\mathrm{d}s=\int_S\mathrm{d}s=\pi a^2$$

比较此结果与(1)问结果，可知

$$\int_S(\nabla\times\boldsymbol{A})\cdot\mathrm{d}\boldsymbol{s}=\oint_L\boldsymbol{A}\cdot\mathrm{d}\boldsymbol{l}$$

斯托克斯定理得证。

# 1.4 标量场的方向导数与梯度

在矢量场中，我们常引入矢量场线来形象描述场的特性及场中矢量分布情况。在标量场中，我们则常引入等值面来形象描述场的特性及空间分布情况。

在标量场中，描述场的标量函数取得相同数值的点构成的空间曲面称为**等值面**。例如，在电场中，电位相等的点构成的等值面称为等位面；在温度场中，由温度相同的点构成等温面。等值面具有如下特点：

(1) 标量场中，不同的等值面对应于不同的标量值，标量场的分布情况可以用一族等值面来描述；

(2) 标量场中任意一点都对应于一个确切的标量值，因而场中的任意两个等值面互不相交。

## 1.4.1 标量场的方向导数

等值面描述场的分布情况，但不能描述一个区域场的变化情况。为描述标量场中任一点的附近区域标量变化规律，我们引入标量场的方向导数和梯度的概念。

标量 $\phi$ 在场中某点 $P$ 处沿 $\boldsymbol{l}$ 方向对距离的变化率称为 $\phi$ 沿 $\boldsymbol{l}$ 方向的**方向导数**，记为$\partial\phi/\partial l$。标量的方向导数是标量，只有大小和正负，但无方向。标量场中某点的方向导数大于零，则标量沿 $\boldsymbol{l}$ 方向是增加的；若方向导数小于零，则标量沿 $\boldsymbol{l}$ 方向是减小的；若方向导数等于零，则标量沿 $\boldsymbol{l}$ 方向无变化。

在直角坐标系中，标量沿 $\boldsymbol{l}$ 方向的方向导数可根据下式进行计算：

$$\frac{\partial\phi}{\partial l}=\frac{\partial\phi}{\partial x}\frac{\partial x}{\partial l}+\frac{\partial\phi}{\partial y}\frac{\partial y}{\partial l}+\frac{\partial\phi}{\partial z}\frac{\partial z}{\partial l} \tag{1-21}$$

式(1-21)中，$\frac{\partial x}{\partial l}$，$\frac{\partial y}{\partial l}$，$\frac{\partial z}{\partial l}$分别是 $\boldsymbol{l}$ 沿三个坐标轴的方向余弦，即

$$\frac{\partial x}{\partial l}=\cos\alpha,\quad \frac{\partial y}{\partial l}=\cos\beta,\quad \frac{\partial z}{\partial l}=\cos\gamma$$

把此式代入式(1-21)，可得方向导数的另一个计算公式为

$$\frac{\partial\phi}{\partial l}=\frac{\partial\phi}{\partial x}\cos\alpha+\frac{\partial\phi}{\partial y}\cos\beta+\frac{\partial\phi}{\partial z}\cos\gamma \tag{1-22}$$

## 1.4.2 标量场的梯度

由式(1-22)可知,标量的方向导数与 $\boldsymbol{l}$ 方向有关,因而,即使在场中同一点,方向导数沿不同的方向也会有不同的值,其中的最大值有确切的方向。为描述这个最大的方向导数,我们引入一个矢量——**梯度**:标量场中,标量在点 $P$ 处的梯度方向沿标量 $\phi$ 变化率最大的方向,大小等于方向导数在该点的最大值,并记作 grad$\phi$,即

$$\mathrm{grad}\phi=\left.\frac{\partial\phi}{\partial l}\right|_{\max}\boldsymbol{e}_l \tag{1-23}$$

式中,$\boldsymbol{e}_l$ 为标量 $\phi$ 随距离变化率最大的方向上的单位矢量。

式(1-23)是梯度的定义式,在具体计算中,用定义式计算梯度比较繁难,因而,有必要探讨简便的梯度计算公式。在直角坐标系中,若以 $\boldsymbol{e}_l=\cos\alpha\boldsymbol{i}+\cos\beta\boldsymbol{j}+\cos\gamma\boldsymbol{k}$ 表示 $\boldsymbol{l}$ 方向的单位矢量,则标量 $\phi$ 沿 $\boldsymbol{l}$ 方向的方向导数可写为

$$\begin{aligned}\frac{\partial\phi}{\partial l}&=\frac{\partial\phi}{\partial x}\cos\alpha+\frac{\partial\phi}{\partial y}\cos\beta+\frac{\partial\phi}{\partial z}\cos\gamma\\&=\left(\frac{\partial\phi}{\partial x}\boldsymbol{i}+\frac{\partial\phi}{\partial y}\boldsymbol{j}+\frac{\partial\phi}{\partial z}\boldsymbol{k}\right)\cdot(\cos\alpha\boldsymbol{i}+\cos\beta\boldsymbol{j}+\cos\gamma\boldsymbol{k})\end{aligned}$$

此式表明,$\phi$ 沿 $\boldsymbol{l}$ 方向的方向导数是矢量 $\left(\frac{\partial\phi}{\partial x}\boldsymbol{i}+\frac{\partial\phi}{\partial y}\boldsymbol{j}+\frac{\partial\phi}{\partial z}\boldsymbol{k}\right)$ 在 $\boldsymbol{l}$ 方向的投影。若使 $\boldsymbol{l}$ 方向与此矢量方向一致,将得到 $\phi$ 最大的方向导数,可见,矢量 $\left(\frac{\partial\phi}{\partial x}\boldsymbol{i}+\frac{\partial\phi}{\partial y}\boldsymbol{j}+\frac{\partial\phi}{\partial z}\boldsymbol{k}\right)$ 的模即是最大的方向导数值,其方向即为取得最大方向导数的方向,即此矢量应为标量 $\phi$ 的梯度。利用矢量微分算子 $\nabla=\frac{\partial}{\partial x}\boldsymbol{i}+\frac{\partial}{\partial y}\boldsymbol{j}+\frac{\partial}{\partial z}\boldsymbol{k}$,在直角坐标系中,标量 $\phi$ 的梯度的计算式可表示为

$$\mathrm{grad}\phi=\frac{\partial\phi}{\partial x}\boldsymbol{i}+\frac{\partial\phi}{\partial y}\boldsymbol{j}+\frac{\partial\phi}{\partial z}\boldsymbol{k}=\nabla\phi \tag{1-24}$$

标量的梯度是一个矢量,其大小和方向就是 $\phi$ 在场点最大变化率的大小和方向。因此,标量 $\phi$ 的梯度指向 $\phi$ 增加最快的方向。标量 $\phi$ 沿某个方向的方向导数等于梯度在该方向的投影,即

$$\frac{\partial\phi}{\partial l}=\nabla\phi\cdot\boldsymbol{e}_l \tag{1-25}$$

**例题 1-10** 已知标量场函数 $\phi=x^2-xy^2+z^2$。试求:(1)标量 $\phi$ 在点 $P(2,1,0)$ 处的最大变化率的大小及其方向;(2)在 $P$ 点标量 $\phi$ 沿 $x$ 轴正向的方向导数。

**解** (1) 最大变化率即是标量的梯度，根据梯度计算公式(1-24)，有

$$\nabla\phi=\frac{\partial\phi}{\partial x}\boldsymbol{i}+\frac{\partial\phi}{\partial y}\boldsymbol{j}+\frac{\partial\phi}{\partial z}\boldsymbol{k}=(2x-y^2)\boldsymbol{i}-2xy\boldsymbol{j}+2z\boldsymbol{k}$$

在代入 $P$ 点坐标值，得

$$\nabla\phi|_P=3\boldsymbol{i}-4\boldsymbol{j}$$

梯度的大小为

$$|\nabla\phi|_P=\sqrt{9+16}=5$$

梯度的方向可用该方向的单位矢量表示为

$$\frac{\nabla\phi|_P}{|\nabla\phi|_P}=\frac{3}{5}\boldsymbol{i}-\frac{4}{5}\boldsymbol{j}=0.6\boldsymbol{i}-0.8\boldsymbol{j}$$

梯度的方向也可以用梯度矢量与坐标轴正向之间夹角的余弦表示(数学上称为方向余弦)，有兴趣的可以自行练习，在此不再赘述。

(2) 根据方向导数与梯度之间关系式，可得 $P$ 点函数 $\phi$ 沿 $x$ 轴正向的方向导数为

$$\left.\frac{\partial\phi}{\partial l}\right|_P=\nabla\phi|_P\cdot\boldsymbol{i}=(3\boldsymbol{i}-4\boldsymbol{j})\cdot\boldsymbol{i}=3$$

由此结果可看出，梯度沿 $x$ 轴正向的方向导数即是梯度在 $Ox$ 轴的分量。

**例题 1-11** 已知在点电荷 $q$ 激发的静电场中，点 $P(x,y,z)$处电位的表达式为 $\phi=\dfrac{q}{4\pi\varepsilon_0 r}$，(式中，$r$ 表示场源电荷到场点的距离，相应的，场源电荷到场点的矢径可表示为 $\boldsymbol{r}=x\boldsymbol{i}+y\boldsymbol{j}+z\boldsymbol{k}$)。静电场中场强等于电位的负梯度。试求：静电场中点 $P(x,y,z)$处场强表达式。

**解** 由已知可知，点电荷 $q$ 激发的静电场中某点的电位仅随场源电荷到场点的距离 $r$ 变化，因而电位变化率最大值的方向应是沿 $\boldsymbol{r}$ 方向，故求电位的梯度其实就是对 $r$ 求导数，所得结果方向应沿 $\boldsymbol{r}$ 方向(径向单位矢量用 $\boldsymbol{e}_r$ 表示)，即静电场中场强表达式为

$$\boldsymbol{E}=-\nabla\phi=-\frac{q}{4\pi\varepsilon_0}\frac{\partial}{\partial r}\left(\frac{1}{r}\right)\boldsymbol{e}_r=\frac{q}{4\pi\varepsilon_0 r^2}\boldsymbol{e}_r$$

备注：此式求解时选择的坐标系不是空间直角坐标系，而是球面坐标系，$\boldsymbol{e}_r$ 表示的是球面坐标系中沿 $\boldsymbol{r}$ 方向的单位矢量。关于球面坐标系的相关内容将在下一节中介绍。

### 1.4.3 格林定理

**格林定理**又称为**格林恒等式**。

根据梯度的定义，一个矢量可以表示成一个标量的梯度，用此方法，将 1.2

节式(1-15)表示的散度定理中矢量函数 $\boldsymbol{A}$ 表示为一个标量函数的梯度$\nabla\psi$ 与一个标量函数 $\phi$ 的乘积，即令 $\boldsymbol{A}=\phi\nabla\psi$，则散度定理可变换为

$$\int_V \nabla\cdot(\phi\nabla\psi)\mathrm{d}v=\oint_S(\phi\nabla\psi)\cdot\mathrm{d}\boldsymbol{s} \tag{1-26}$$

哈密顿算符是矢量微分算子，它的运算规则符合微分运算基本规则，根据数学公式$(uv)'=uv'+u'v$，式(1-26)左侧被积函数可变形为

$$\nabla\cdot(\phi\nabla\psi)=\phi\nabla^2\psi+\nabla\phi\cdot\nabla\psi$$

式(1-26)右侧被积函数是两个矢量的点乘，根据点乘运算规则及方向导数与梯度的关系，有

$$(\phi\nabla\psi)\cdot\mathrm{d}\boldsymbol{s}=\phi\nabla\psi\cos\alpha\mathrm{d}s=\phi\frac{\partial\psi}{\partial n}\mathrm{d}s$$

式中，$\boldsymbol{n}$ 向为面的法向。把此二式代回式(1-26)，可得

$$\int_V(\phi\nabla^2\psi+\nabla\phi\cdot\nabla\psi)\mathrm{d}v=\oint_S\phi\frac{\partial\psi}{\partial n}\mathrm{d}s \tag{1-27}$$

式(1-27)表达的内容称为**格林第一恒等式**。

将式(1-27)中 $\phi$ 与 $\psi$ 进行对调，则上式可变形为

$$\int_V(\psi\nabla^2\phi+\nabla\psi\cdot\nabla\phi)\mathrm{d}v=\oint_S\psi\frac{\partial\phi}{\partial n}\mathrm{d}s \tag{1-28}$$

将式(1-27)与式(1-28)相减，可得**格林第二恒等式**，即

$$\int_V(\phi\nabla^2\psi-\psi\nabla^2\phi)\mathrm{d}v=\oint_S\left(\phi\frac{\partial\psi}{\partial n}-\psi\frac{\partial\phi}{\partial n}\right)\mathrm{d}s \tag{1-29}$$

格林定理不仅把一个体积中的积分问题转化为包围其体积的闭合面上的积分问题，而且还给出了两个标量场之间的变换关系。如果已知其中一个标量场的分布情况，根据格林定理即可求得另一个标量场的分布情况。格林定理也是一个在电磁场中常用的定理。

## 1.5　正交曲面坐标系　场论

空间直角坐标系是最常用的坐标系，但在电磁场理论中，有时研究的问题比较复杂，使用空间直角坐标系反而会使问题变得更为繁琐。为了研究问题方便，我们还需要使用柱面坐标系(也称圆柱坐标)和球面坐标系，本节分别介绍这两种坐标的基本知识。

### 1.5.1 柱面坐标系

柱面坐标系中一个场点 $M$ 的坐标是三个有序数($\rho,\varphi,z$),如图 1-5 所示。其中 $\rho$ 是场点 $M$ 到柱面轴线 $Oz$ 的距离;$\varphi$ 是过点 $M$ 且以 $Oz$ 轴为界的半平面与 $xOz$ 平面之间的夹角;$z$ 是点 $M$ 对应的 $Oz$ 轴的坐标。

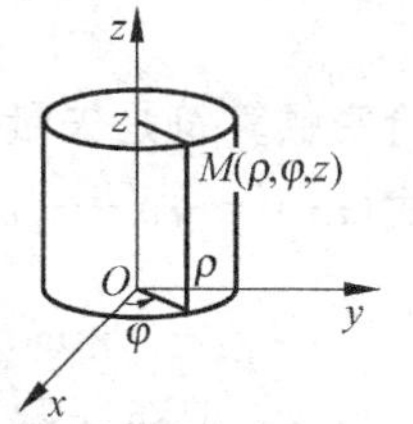

图 1-5 柱面坐标系

(1) 三个坐标变化的范围分别为

$$0\leqslant\rho<+\infty$$
$$0\leqslant\varphi<2\pi$$
$$-\infty<z<+\infty$$

(2) 在柱面坐标系中,坐标曲面是

$\rho=$常数,是以 $Oz$ 轴为轴的圆柱面;

$\varphi=$常数,是以 $Oz$ 轴为界的半平面;

$z=$常数,是平行于 $xOy$ 的平面。

(3) 在柱面坐标系中,坐标曲线是:

$\rho$ 曲线,单位矢量为 $\boldsymbol{e}_\rho$,表示垂直于 $Oz$ 轴向外的径向;

$\varphi$ 曲线,单位矢量为 $\boldsymbol{e}_\varphi$,表示与 $OzM$ 面垂直且与 $Oz$ 轴成右手螺旋关系的方向;

$z$ 曲线,单位矢量为 $\boldsymbol{e}_z$,表示 $Oz$ 轴的正向。

(4) 点 $M$ 在空间直角坐标系中的坐标与在柱面坐标系中的坐标之间的换算关系为

$$x=\rho\cos\varphi$$
$$y=\rho\sin\varphi$$
$$z=z$$

(5) 柱面坐标系中散度、旋度、梯度的计算公式分别为(推导过程略)

$$\mathrm{div}\boldsymbol{A}=\nabla\cdot\boldsymbol{A}=\frac{1}{\rho}\left[\frac{\partial(\rho A_\rho)}{\partial\rho}+\frac{\partial A_\varphi}{\partial\varphi}+\frac{\partial(\rho A_z)}{\partial z}\right] \tag{1-30}$$

$$\mathrm{rot}\boldsymbol{A}=\nabla\times\boldsymbol{A}=\frac{1}{\rho}\begin{vmatrix}\boldsymbol{e}_\rho & \rho\boldsymbol{e}_\varphi & \boldsymbol{e}_z\\ \dfrac{\partial}{\partial\rho} & \dfrac{\partial}{\partial\varphi} & \dfrac{\partial}{\partial z}\\ A_\rho & \rho A_\varphi & A_z\end{vmatrix} \tag{1-31}$$

$$\mathrm{grad}\phi=\nabla\phi=\frac{\partial\phi}{\partial\rho}\boldsymbol{e}_\rho+\frac{1}{\rho}\frac{\partial\phi}{\partial\varphi}\boldsymbol{e}_\varphi+\frac{\partial\phi}{\partial z}\boldsymbol{e}_z \tag{1-32}$$

## 1.5.2　球面坐标系

球面坐标系中一个场点 $M$ 的坐标是三个有序数($r,\theta,\varphi$)，如图 1-6 所示，其中 $r$ 是场点 $M$ 到原点的距离；$\theta$ 是有向线段 $\overrightarrow{OM}$ 与 $Oz$ 轴正向的夹角；$\varphi$ 是过点 $M$ 且以 $Oz$ 轴为界半平面与 $xOz$ 平面之间的夹角。

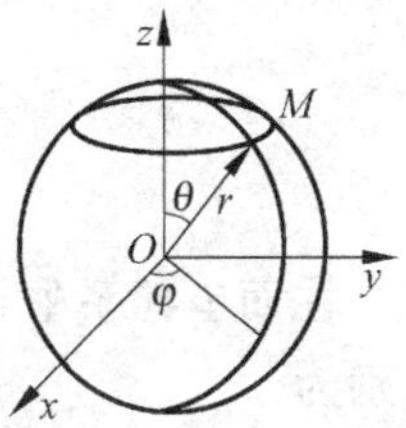

图 1-6　球面坐标系

(1) 三个坐标的变化范围为

$$0 \leqslant r < +\infty$$

$$0 \leqslant \theta \leqslant \pi$$

$$0 \leqslant \varphi < 2\pi$$

(2) 在球面坐标系中，坐标曲面是：

$r=$常数，是以原点 $O$ 为球心的球面；

$\theta=$常数，是以 $Oz$ 轴为轴的圆锥面；

$\varphi=$常数，是以 $Oz$ 轴为界的半平面。

(3) 坐标曲线是 $r$ 曲线、$\theta$ 曲线、$\varphi$ 曲线，对应的三个方向单位矢量分别表示为 $\boldsymbol{e}_r$、$\boldsymbol{e}_\theta$、$\boldsymbol{e}_\varphi$。

(4) 点 $M$ 在直角坐标系中坐标与其球面坐标系中坐标之间的关系为

$$x = r\sin\theta\cos\varphi$$

$$y = r\sin\theta\sin\varphi$$

$$z = r\cos\theta$$

(5) 球面坐标系中散度、旋度、梯度的计算公式分别为

$$\mathrm{div}\boldsymbol{A} = \nabla \cdot \boldsymbol{A} = \frac{1}{r^2\sin\theta}\left[\sin\theta\frac{\partial(r^2A_r)}{\partial r} + r\frac{\partial(\sin\theta A_\theta)}{\partial\theta} + r\frac{\partial A_\varphi}{\partial\varphi}\right] \tag{1-33}$$

$$\mathrm{rot}\boldsymbol{A} = \nabla \times \boldsymbol{A} = \frac{1}{r^2\sin\theta}\begin{vmatrix} \boldsymbol{e}_r & r\boldsymbol{e}_\theta & r\sin\theta\boldsymbol{e}_\varphi \\ \dfrac{\partial}{\partial r} & \dfrac{\partial}{\partial\theta} & \dfrac{\partial}{\partial\varphi} \\ A_r & rA_\theta & r\sin\theta A_\varphi \end{vmatrix} \tag{1-34}$$

$$\mathrm{grad}\phi = \nabla\phi = \frac{\partial\phi}{\partial r}\boldsymbol{e}_r + \frac{1}{r}\frac{\partial\phi}{\partial\theta}\boldsymbol{e}_\theta + \frac{1}{r\sin\theta}\frac{\partial\phi}{\partial\varphi}\boldsymbol{e}_\varphi \tag{1-35}$$

**例题 1-12**　分别在直角坐标系、柱面坐标系、球面坐标系中求位置矢量 $\boldsymbol{r}$ 的散度和旋度。

**解**　直角坐标系中，位置矢量 $\boldsymbol{r}$ 可表示为 $\boldsymbol{r} = x\boldsymbol{i} + y\boldsymbol{j} + z\boldsymbol{k}$，则其散度和旋度分别为

$$\nabla \cdot \boldsymbol{r} = \frac{\partial x}{\partial x} + \frac{\partial y}{\partial y} + \frac{\partial z}{\partial z} = 3$$

$$\nabla\times\boldsymbol{r}=\begin{vmatrix}\boldsymbol{i} & \boldsymbol{j} & \boldsymbol{k}\\ \dfrac{\partial}{\partial x} & \dfrac{\partial}{\partial y} & \dfrac{\partial}{\partial z}\\ x & y & z\end{vmatrix}$$

$$=\left(\frac{\partial z}{\partial y}-\frac{\partial y}{\partial z}\right)\boldsymbol{i}+\left(\frac{\partial x}{\partial z}-\frac{\partial z}{\partial x}\right)\boldsymbol{j}+\left(\frac{\partial y}{\partial x}-\frac{\partial z}{\partial y}\right)\boldsymbol{k}$$

$$=0$$

柱面坐标系中，位置矢量 $\boldsymbol{r}$ 可表示为 $\boldsymbol{r}=\rho\boldsymbol{e}_\rho+z\boldsymbol{e}_z(\varphi=0)$，则其散度和旋度分别为

$$\nabla\cdot\boldsymbol{r}=\frac{1}{\rho}\left[\frac{\partial(\rho\cdot\rho)}{\partial\rho}+\frac{\partial(\rho\cdot z)}{\partial z}\right]$$

$$=\frac{1}{\rho}(2\rho+\rho)$$

$$=3$$

$$\nabla\times\boldsymbol{r}=\frac{1}{\rho}\begin{vmatrix}\boldsymbol{e}_\rho & \rho\boldsymbol{e}_\varphi & \boldsymbol{e}_z\\ \dfrac{\partial}{\partial\rho} & \dfrac{\partial}{\partial\varphi} & \dfrac{\partial}{\partial z}\\ \rho & 0 & z\end{vmatrix}$$

$$=\frac{1}{\rho}\left[\left(\frac{\partial z}{\partial\varphi}\boldsymbol{e}_\rho+\frac{\partial\rho}{\partial z}\rho\boldsymbol{e}_\varphi-\frac{\partial z}{\partial\rho}\rho\boldsymbol{e}_\varphi-\frac{\partial\rho}{\partial\varphi}\right)\boldsymbol{e}_z\right]$$

$$=0$$

球面坐标系中，位置矢量 $\boldsymbol{r}$ 可表示为 $\boldsymbol{r}=r\boldsymbol{e}_r(\theta=0,\varphi=0)$，则其散度和旋度分别为

$$\nabla\cdot\boldsymbol{r}=\frac{1}{r^2\sin\theta}\left[\sin\theta\frac{\partial(r^2\cdot r)}{\partial r}+r\frac{\partial(\sin\theta\cdot 0)}{\partial\theta}+r\frac{\partial(0)}{\partial\varphi}\right]$$

$$=\frac{1}{r^2}\frac{\partial(r^2\cdot r)}{\partial r}$$

$$=3$$

$$\nabla\times\boldsymbol{r}=\frac{1}{r^2\sin\theta}\begin{vmatrix}\boldsymbol{e}_r & r\boldsymbol{e}_\theta & r\sin\theta\boldsymbol{e}_\varphi\\ \dfrac{\partial}{\partial r} & \dfrac{\partial}{\partial\theta} & \dfrac{\partial}{\partial\varphi}\\ r & 0 & 0\end{vmatrix}$$

$$=\frac{1}{r^2\sin\theta}\left(\frac{\partial r}{\partial\varphi}r\boldsymbol{e}_\theta-\frac{\partial r}{\partial\theta}r\sin\theta\boldsymbol{e}_\varphi\right)$$

$$=0$$

比较几个坐标系中得出的计算结果可知，无论采用哪种坐标系，位置矢量 $\boldsymbol{r}$

的散度均为3,而旋度均为0。选择的坐标系不同,但得到的描述场的量相同,反映场的性质相同,都是无旋发散场;同一个矢量,在不同的坐标系中求解散度和旋度,计算的繁琐程度各不相同,就本题而言,在球面坐标系中计算相对简洁(计算过程中涉及的项数明显少),因而,对于不同情况,选择合适的坐标系进行矢量的分析显得尤为重要。

## 1.6　亥姆霍兹定理

由前面的分析可知,矢量场的散度和旋度分别确定矢量场的通量源强度和旋涡源强度。任何一个物理场必须有源,场是同源一起出现的,源是产生场的原因,当源确定时,场的性质也就确定了。一切矢量场的源只有两种,即产生发散场的通量源(散度源)和产生涡旋场的旋涡源(旋度源)。因而,一个矢量场所具有的性质可以由它的散度和旋度来说明,二者完整地描述了场的分布特性。对于这一内容的分析和证明是由亥姆霍兹完成的,称为**亥姆霍兹定理**:在有限的区域 $V$ 内,任一矢量场由它的散度、旋度和边界条件(即限定区域边界上的场矢量的变化规律)唯一地确定(证明从略)。

亥姆霍兹定理总结了矢量场的基本性质,其意义非常重要。分析矢量场时,总是从研究它的散度和旋度着手,得到散度方程和旋度方程,它们决定了矢量场的基本特性,组成了矢量场的基本方程微分形式;也可以从积分的角度出发,研究对应的矢量场沿闭合曲面的通量和沿闭合路径的环流,得到矢量场高斯定理和环路定理,它们则组成了矢量场基本方程的积分形式。

## 小结

本章主要介绍电磁场理论课程中涉及的矢量分析及场论的基础知识。

**1. 矢量的基本运算**

1) 矢量的加、减运算

$$\boldsymbol{A}\pm\boldsymbol{B}=(A_x\pm B_x)\boldsymbol{i}+(A_y\pm B_y)\boldsymbol{j}+(A_z\pm B_z)\boldsymbol{k}$$

2) 矢量的标量积和矢量积

$$\boldsymbol{A}\cdot\boldsymbol{B}=AB\cos\alpha$$

$$\boldsymbol{A}\times\boldsymbol{B}=\begin{vmatrix}\boldsymbol{i} & \boldsymbol{j} & \boldsymbol{k}\\ A_x & A_y & A_z\\ B_x & B_y & B_z\end{vmatrix}$$

3) 矢量的三重积

$$\boldsymbol{A}\cdot(\boldsymbol{B}\times\boldsymbol{C})=\boldsymbol{B}\cdot(\boldsymbol{C}\times\boldsymbol{A})=\boldsymbol{C}\cdot(\boldsymbol{A}\times\boldsymbol{B})$$

$$\boldsymbol{A}\times(\boldsymbol{B}\times\boldsymbol{C})=\boldsymbol{B}(\boldsymbol{A}\cdot\boldsymbol{C})-\boldsymbol{C}(\boldsymbol{A}\cdot\boldsymbol{B})$$

4) 矢量函数的导数与积分

$$\frac{\mathrm{d}\boldsymbol{A}(t)}{\mathrm{d}t}=\frac{\mathrm{d}A_x(t)}{\mathrm{d}t}\boldsymbol{i}+\frac{\mathrm{d}A_y(t)}{\mathrm{d}t}\boldsymbol{j}+\frac{\mathrm{d}A_z(t)}{\mathrm{d}t}\boldsymbol{k}$$

$$\int_0^t \boldsymbol{A}(t)\mathrm{d}t=\int_0^t A_x(t)\mathrm{d}t\boldsymbol{i}+\int_0^t A_y(t)\mathrm{d}t\boldsymbol{j}+\int_0^t A_z(t)\mathrm{d}t\boldsymbol{k}$$

**2. 矢量的散度、旋度,标量的梯度**

1) 矢量的通量与散度

(1) 通量 $\Psi=\int_S \boldsymbol{A}\cdot\mathrm{d}\boldsymbol{s}$

(2) 散度 $\mathrm{div}\boldsymbol{A}=\lim\limits_{\Delta V\to 0}\dfrac{\oint_S \boldsymbol{A}\cdot\mathrm{d}\boldsymbol{s}}{\Delta V}=\nabla\cdot\boldsymbol{A}=\dfrac{\partial A_x(t)}{\partial x}+\dfrac{\partial A_y(t)}{\partial y}+\dfrac{\partial A_z(t)}{\partial z}$

(3) 散度定理：矢量场中某矢量的散度在体积 $V$ 上的体积分等于该矢量在包围该体积的闭合面 $S$ 上的面积分。

$$\int_V \nabla\cdot\boldsymbol{A}\mathrm{d}v=\oint_S \boldsymbol{A}\cdot\mathrm{d}\boldsymbol{s}$$

2) 矢量的环流与旋度

(1) 环流 $\Gamma=\oint_L \boldsymbol{A}\cdot\mathrm{d}\boldsymbol{l}$

(2) 旋度 $\mathrm{rot}\boldsymbol{A}=\lim\limits_{\Delta S\to 0}\left[\dfrac{\oint_l \boldsymbol{A}\cdot\mathrm{d}\boldsymbol{l}}{\Delta S}\right]_{\max}\boldsymbol{e}_n$

$$\nabla\times\boldsymbol{A}=\begin{vmatrix}\boldsymbol{i} & \boldsymbol{j} & \boldsymbol{k}\\ \dfrac{\partial}{\partial x} & \dfrac{\partial}{\partial y} & \dfrac{\partial}{\partial z}\\ A_x(t) & A_y(t) & A_z(t)\end{vmatrix}$$

(3) 斯托克斯定理：矢量场旋度的面积分应等于该矢量沿包围面积的闭合环路的总环流。

$$\int_S(\nabla\times\boldsymbol{A})\cdot\mathrm{d}\boldsymbol{s}=\oint_L \boldsymbol{A}\cdot\mathrm{d}\boldsymbol{l}$$

3) 标量的方向导数与梯度

(1) 方向导数 $\dfrac{\partial\phi}{\partial l}=\nabla\phi\cdot\boldsymbol{e}_l$

(2) 梯度　　　$\mathrm{grad}\phi=\frac{\partial\phi}{\partial x}\boldsymbol{i}+\frac{\partial\phi}{\partial y}\boldsymbol{j}+\frac{\partial\phi}{\partial z}\boldsymbol{k}=\nabla\phi$

(3) 格林定理　　$\int_V(\phi\nabla^2\psi+\nabla\phi\cdot\nabla\psi)\mathrm{d}v=\oint_S\phi\frac{\partial\psi}{\partial n}\mathrm{d}s$

**3. 正交曲面坐标系　场论**

1) 柱面坐标系中的散度、旋度、梯度运算

$$\mathrm{div}\boldsymbol{A}=\nabla\cdot\boldsymbol{A}=\frac{1}{\rho}\left[\frac{\partial(\rho A_\rho)}{\partial\rho}+\frac{\partial A_\varphi}{\partial\varphi}+\frac{\partial(\rho A_z)}{\partial z}\right]$$

$$\mathrm{rot}\boldsymbol{A}=\nabla\times\boldsymbol{A}=\frac{1}{\rho}\begin{vmatrix}\boldsymbol{e}_\rho & \rho\boldsymbol{e}_\varphi & \boldsymbol{e}_z\\ \frac{\partial}{\partial\rho} & \frac{\partial}{\partial\varphi} & \frac{\partial}{\partial z}\\ A_\rho & \rho A_\varphi & A_z\end{vmatrix}$$

$$\mathrm{grad}\phi=\nabla\phi=\frac{\partial\phi}{\partial\rho}\boldsymbol{e}_\rho+\frac{1}{\rho}\frac{\partial\phi}{\partial\varphi}\boldsymbol{e}_\varphi+\frac{\partial\phi}{\partial z}\boldsymbol{e}_z$$

2) 球面坐标系中的散度、旋度、梯度运算

$$\mathrm{div}\boldsymbol{A}=\nabla\cdot\boldsymbol{A}=\frac{1}{r^2\sin\theta}\left[\sin\theta\frac{\partial(r^2A_r)}{\partial r}+r\frac{\partial(\sin\theta A_\theta)}{\partial\theta}+r\frac{\partial A_\varphi}{\partial\varphi}\right]$$

$$\mathrm{rot}\boldsymbol{A}=\nabla\times\boldsymbol{A}=\frac{1}{r^2\sin\theta}\begin{vmatrix}\boldsymbol{e}_r & r\boldsymbol{e}_\theta & r\sin\theta\boldsymbol{e}_\varphi\\ \frac{\partial}{\partial r} & \frac{\partial}{\partial\theta} & \frac{\partial}{\partial\varphi}\\ A_r & rA_\theta & r\sin\theta A_\varphi\end{vmatrix}$$

$$\mathrm{grad}\phi=\nabla\phi=\frac{\partial\phi}{\partial r}\boldsymbol{e}_r+\frac{1}{r}\frac{\partial\phi}{\partial\theta}\boldsymbol{e}_\theta+\frac{1}{r\sin\theta}\frac{\partial\phi}{\partial\varphi}\boldsymbol{e}_\varphi$$

3) 亥姆霍兹定理

在有限的区域 $V$ 内，任一矢量场由它的散度、旋度和边界条件(即限定区域边界上的场矢量的变化规律)唯一地确定(证明从略)。

# 习题 1

1-1　已知两矢量 $\boldsymbol{A}=\boldsymbol{i}-3\boldsymbol{j}+2\boldsymbol{k}$，$\boldsymbol{B}=2\boldsymbol{i}-\boldsymbol{j}$。试求：(1)$\boldsymbol{A}\cdot\boldsymbol{B}$；(2)$\boldsymbol{A}\times\boldsymbol{B}$。

1-2　已知三个矢量 $\boldsymbol{A}=\boldsymbol{i}+\boldsymbol{j}$，$\boldsymbol{B}=\boldsymbol{i}+2\boldsymbol{k}$，$\boldsymbol{C}=2\boldsymbol{j}+\boldsymbol{k}$。试求：(1)$\boldsymbol{A}\cdot(\boldsymbol{B}\times\boldsymbol{C})$；(2)$(\boldsymbol{A}\times\boldsymbol{B})\cdot\boldsymbol{C}$。

1-3 已知电磁场中某点电场强度随时间 $t$ 变化的函数关系为 $\boldsymbol{E}=E_{\mathrm{m}}\cos\left(50\pi t+\frac{\pi}{2}\right)\boldsymbol{i}$。试求：(1)电场强度对时间的一阶导数；(2)电场强度在时间上的积分。

1-4 已知两矢量 $\boldsymbol{A}=\boldsymbol{i}-9\boldsymbol{j}-\boldsymbol{k}$、$\boldsymbol{B}=2\boldsymbol{i}-4\boldsymbol{j}+3\boldsymbol{k}$。试求：(1)$\boldsymbol{A}+\boldsymbol{B}$；(2)$\boldsymbol{A}-\boldsymbol{B}$；(3)$\boldsymbol{A}\cdot\boldsymbol{B}$；(4)$\boldsymbol{A}\times\boldsymbol{B}$；(5)$\boldsymbol{B}\times\boldsymbol{A}$。

1-5 试求下列矢量的散度：

(1) $\boldsymbol{A}=x^2yz\boldsymbol{i}+xy^2z\boldsymbol{j}+xyz^2\boldsymbol{k}$

(2) $\boldsymbol{B}=(y^2+z^2)\boldsymbol{i}+(x^2+z^2)\boldsymbol{j}+(x^2+y^2)\boldsymbol{k}$

1-6 利用直角坐标系，证明 $\nabla\cdot(u\boldsymbol{A})=u\nabla\cdot\boldsymbol{A}+\boldsymbol{A}\cdot\nabla u$。

1-7 试求：$a$、$b$、$c$ 为何值时，使得下面的矢量场为无通量源场。

$$\boldsymbol{E}=(x^2+axz)\boldsymbol{i}+(xy^2+by)\boldsymbol{j}+(z-z^2+czx-2xyz)\boldsymbol{k}$$

1-8 试求下列矢量的旋度：

(1) $\boldsymbol{A}=x^2\boldsymbol{i}+y^2\boldsymbol{j}+z^2\boldsymbol{k}$

(2) $\boldsymbol{B}=yz\boldsymbol{i}+xz\boldsymbol{j}+xy\boldsymbol{k}$

(3) $\boldsymbol{C}=(y^2+z^2)\boldsymbol{i}+(x^2+z^2)\boldsymbol{j}+(x^2+y^2)\boldsymbol{k}$

1-9 已知标量 $\phi=x^2yz$ 及点 $P(2,2,1)$。试求：(1)$\phi$ 在 $P$ 点处的最大变化率的值；(2)$\phi$ 在 $P$ 点沿方向 $\boldsymbol{l}=3\boldsymbol{i}+4\boldsymbol{j}+5\boldsymbol{k}$ 的方向导数。

1-10 已知标量函数 $\phi=x^2+2y^2+3z^2+3x-2y-6z$。试求：(1)$\nabla\phi$；(2)$\nabla\phi=0$ 对应点的坐标。

1-11 在圆柱面坐标系中，试求：矢量 $\boldsymbol{A}=a\boldsymbol{e}_\rho+b\boldsymbol{e}_\varphi+c\boldsymbol{e}_z$(式中，$a$、$b$、$c$ 为常数)的散度和旋度。

1-12 在球面坐标系中，试求：矢量 $\boldsymbol{A}=a\boldsymbol{e}_r+b\boldsymbol{e}_\theta+c\boldsymbol{e}_\varphi$(式中，$a$、$b$、$c$ 为常数)的散度和旋度。

1-13 已知三个矢量 $\boldsymbol{A}$、$\boldsymbol{B}$ 和 $\boldsymbol{C}$ 如下：

$$\boldsymbol{A}=\boldsymbol{i}+2\boldsymbol{j}-3\boldsymbol{k}$$

$$\boldsymbol{B}=-4\boldsymbol{j}+\boldsymbol{k}$$

$$\boldsymbol{C}=5\boldsymbol{i}-2\boldsymbol{k}$$

试求：(1)$\boldsymbol{A}$ 方向上的单位矢量 $\boldsymbol{a}_A$；(2)$\boldsymbol{A}$ 和 $\boldsymbol{B}$ 的夹角 $\theta_{AB}$；(3)$\boldsymbol{A}$ 在 $\boldsymbol{B}$ 上的分量；(4)$\boldsymbol{A}\cdot(\boldsymbol{B}\times\boldsymbol{C})$ 和 $(\boldsymbol{A}\times\boldsymbol{B})\cdot\boldsymbol{C}$；(5)$(\boldsymbol{A}\times\boldsymbol{B})\times\boldsymbol{C}$ 和 $\boldsymbol{A}\times(\boldsymbol{B}\times\boldsymbol{C})$。

1-14 已知标量 $\phi(x,y,z)=6x^2y^3+\mathrm{e}^z$，试求：标量 $\phi$ 在 $P(2,-1,0)$ 处的梯度。

1-15 试求下列标量场的梯度：

(1) $\phi = xyz + zx^2$

(2) $u = 4x^2 y + y^2 z - 4xz$

1-16　已知两矢量 $\boldsymbol{A} = \boldsymbol{i} + 2\boldsymbol{j} - 3\boldsymbol{k}$ 和 $\boldsymbol{B} = -6\boldsymbol{i} - 4\boldsymbol{j} + \boldsymbol{k}$，试求：$\boldsymbol{A} \times \boldsymbol{B}$ 在矢量 $\boldsymbol{C} = \boldsymbol{i} - \boldsymbol{j} + \boldsymbol{k}$ 上的分量。

1-17　在圆柱坐标中，一点的位置由 $\left(4, \frac{2\pi}{3}, 3\right)$ 定出。试求该点在：(1)直角坐标中的坐标；(2)球坐标中的坐标。

1-18　在由 $r=5$，$z=0$ 和 $z=4$ 围成的圆柱形区域，对矢量 $\boldsymbol{A} = r^2 \boldsymbol{e}_r + 2z\boldsymbol{e}_z$ 验证散度定理。

# 第2章 电磁场的基本方程及边界条件

电磁现象普遍存在，人们对于电磁现象的研究很早就开始了。电磁学的三大实验定律——库仑定律、安培力定律和法拉第电磁感应定律的提出，标志着人类对宏观电磁现象的认识从定性阶段到定量阶段的飞跃。1864 年，麦克斯韦在对宏观电磁现象的实验规律进行分析总结的基础上，利用数学方法（矢量场论）总结得出了麦克斯韦方程组。麦克斯韦方程组揭示了电磁场与电荷电流之间、电场与磁场之间的相互作用和联系，是一切宏观电磁现象所遵循的普遍规律，是电磁场的基本方程，为现代电磁理论奠定了基础。

本章将在电磁学内容的基础上导出麦克斯韦方程组，然后对麦克斯韦方程组的意义和内涵进行详细的讨论。本章还将介绍反映介质电磁性质的电磁场本构关系和求解电磁场问题必不可少的电磁场边界条件。

## 2.1 静电场的基本规律

电荷周围要产生电场，电流周围要产生磁场，电荷和电流是电磁场的源。

空间位置固定、电量不随时间变化的电荷产生的电场，称为**静电场**。静电场中最基本的物理量是电场强度。根据亥姆霍兹定理，静电场的性质可以由电场强度的散度和旋度来描述。本节将在讨论静电场的基本实验定律——库仑定律的基础上导出电场强度的表达式，进而讨论电场强度的散度和旋度。

### 2.1.1 库仑定律 电场强度

1785 年，法国物理学家库仑利用他发明的扭秤作了一系列的精细实验，定量测量了两个带电物体之间的相互作用力，总结出真空中两个点电荷间相互作用的规律，即**库仑定律**：真空中，两个静止点电荷之间相互作用力的大小与这两个点电荷所带电量 $q_1$ 和 $q_2$ 的乘积成正比，与它们之间的距离 $r$ 的平方成反比，

作用力的方向沿着两个点电荷的连线，同号电荷相斥，异号电荷相吸。数学表达式为

$$\boldsymbol{F}=\frac{1}{4\pi\varepsilon_0}\frac{q_1 q_2}{r^2}\boldsymbol{r}_0 \tag{2-1}$$

式(2-1)中，$\boldsymbol{r}_0$ 表示由施力电荷指向受力电荷的矢径方向的单位矢量。

两个点电荷之间的作用力是通过电场传递的，一个电荷在自己的周围产生电场，而放入电场中的另一个电荷即受到电场的作用力。为研究问题更方便，我们定义一个描述场的物理量——**电场强度**(简称**场强**)。电场强度的定义式为

$$\boldsymbol{E}=\frac{\boldsymbol{F}}{q_0} \tag{2-2}$$

式(2-2)中，$q_0$ 是电量和体积都足够小(只有足够小，对原电场的影响才可以忽略不计)的点电荷，称为**试验电荷**。将上两式结合，可得到点电荷电场中的电场强度为

$$\boldsymbol{E}=\frac{Q}{4\pi\varepsilon_0 r^2}\boldsymbol{r}_0 \tag{2-3}$$

由式(2-3)可知：(1)点电荷电场中某点场强的大小与场源电荷的电量 $Q$ 成正比，与该点到场源电荷的距离 $r$ 的平方成反比；(2)场强方向与正电荷在该点的受力方向一致；(3)场强是一个与场源电荷电量及场点位置相关的矢量函数。

在 $n$ 个点电荷 $Q_1, Q_2, \cdots, Q_n$ 共同激发的电场中，根据力的叠加原理及场强的定义式，可得到**场强叠加原理**：点电荷系所激发的电场中任意一点的场强等于各点电荷单独存在时在该点各自产生场强的矢量和，数学表达式为

$$\boldsymbol{E}=\boldsymbol{E}_1+\boldsymbol{E}_2+\cdots+\boldsymbol{E}_n=\sum_{i=1}^{n}\boldsymbol{E}_i \tag{2-4}$$

对于任意的电荷连续分布的带电体，可以把它看成由许多个电荷元 $\mathrm{d}q$ 组成，$\mathrm{d}q$ 在电场中某点 $P$ 处产生的场强为

$$\mathrm{d}\boldsymbol{E}=\frac{\mathrm{d}q}{4\pi\varepsilon_0 r^2}\boldsymbol{r}_0$$

式中，$r$ 表示电荷元 $\mathrm{d}q$ 到场点 $P$ 处的距离，$\boldsymbol{r}_0$ 表示电荷元 $\mathrm{d}q$ 到场点 $P$ 处的单位矢量。根据场强叠加原理，整个带电体在 $P$ 点产生的场强为

$$\boldsymbol{E}=\int\mathrm{d}\boldsymbol{E}=\frac{1}{4\pi\varepsilon_0}\int\frac{\mathrm{d}q}{r^2}\boldsymbol{r}_0 \tag{2-5}$$

等式右边的积分要遍及整个场源电荷分布的空间。当电荷分布在细长线状的带电体上时，可用 $\lambda$ 表示单位长度上的电荷量，称为电荷线密度；如果电荷分布在平面或者曲面形状的带电体上时，可用 $\sigma$ 表示单位面积上的电荷量，称为电荷面

密度;如果电荷分布在某一体积内,可用 $\rho_v$ 表示单位体积上的电荷量,称为电荷体密度。在具体问题中,可以根据以上三种不同情况,把带电体上的电荷元表示为

$$\mathrm{d}q=\begin{cases}\lambda\mathrm{d}l\\ \sigma\mathrm{d}S\\ \rho_v\mathrm{d}V\end{cases}$$

式中 $\mathrm{d}l$、$\mathrm{d}S$、$\mathrm{d}V$ 分别表示线元、面积元和体积元。

式(2-5)中,若各电荷元在场点的场强 $\mathrm{d}\boldsymbol{E}$ 方向都沿同一方向,则整个带电体在场点的场强也一定沿着该方向,因而仅需用式

$$E=\int\mathrm{d}E=\frac{1}{4\pi\varepsilon_0}\int\frac{\mathrm{d}q}{r^2}$$

计算出场强的大小即可;若各电荷元在场点的场强 $\mathrm{d}\boldsymbol{E}$ 方向不尽相同,则整个带电体在场点的场强方向要根据式(2-5)计算才可得知,具体计算的方法如下:

(1) 建立合适的坐标系,在坐标系中计算 $\mathrm{d}\boldsymbol{E}$ 沿各坐标轴的分量 $\mathrm{d}E_x$、$\mathrm{d}E_y$、$\mathrm{d}E_z$。

(2) 把各坐标轴的分量分别积分,得到场强沿各坐标轴的分量,即

$$E_x=\int\mathrm{d}E_x$$

$$E_y=\int\mathrm{d}E_y$$

$$E_z=\int\mathrm{d}E_z$$

(3) 把各分量代入矢量在坐标系中的分量形式中,可得场强的表达式为

$$\boldsymbol{E}=E_x\boldsymbol{i}+E_y\boldsymbol{j}+E_z\boldsymbol{k}$$

### 2.1.2 静电场中的环路定理 场强旋度

库仑定律与万有引力定律具有相同的形式,都具有乘积正比、距离平方反比的规律,因而库仑力与万有引力具有相同的性质——做功都仅与始末位置相关,而与路径无关,都是保守力。根据静电场力 $\boldsymbol{F}=q_0\boldsymbol{E}$,以及保守力沿闭合路径做功为零,在静电场中有

$$\oint_L q_0\boldsymbol{E}\cdot\mathrm{d}\boldsymbol{l}=0$$

由于试验电荷 $q_0$ 不为零,所以有

$$\oint_L \boldsymbol{E}\cdot\mathrm{d}\boldsymbol{l}=0 \tag{2-6}$$

带上等量异号的电荷。设内球面带电量为 $q$，外球面带电量为 $-q$。在内外球面之间做以电容器球心为球心，半径为 $r$ 的球面为高斯面，根据高斯定理，有

$$\oint_S \boldsymbol{D}\cdot\mathrm{d}\boldsymbol{s}=q$$

球形电容器内（$a<r<b$）的电场是球对称的，即高斯面所在处电位移矢量的大小是相同的，且方向都沿径向向外，故上式左侧可化简为

$$\oint_S \boldsymbol{D}\cdot\mathrm{d}\boldsymbol{s}=\oint_S D\cos 0^\circ \mathrm{d}s=D\cdot 4\pi r^2$$

带回高斯定理，可得电容器内的电位矢量大小为

$$D=\frac{q}{4\pi r^2}$$

方向沿半径向外。根据场强与电位移矢量的关系 $\boldsymbol{D}=\varepsilon\boldsymbol{E}$，可得电容器内部场强为

$$\boldsymbol{E}=\frac{q}{4\pi\varepsilon r^2}\boldsymbol{e}_r$$

两球面之间施加电压 $U$，则有

$$U=\int_a^b \boldsymbol{E}\cdot\mathrm{d}\boldsymbol{l}=\int_a^b \frac{q}{4\pi\varepsilon r^2}\cos 0^\circ \mathrm{d}r=\frac{q}{4\pi\varepsilon}\left(\frac{1}{a}-\frac{1}{b}\right)$$

即

$$\frac{q}{4\pi\varepsilon}=U\frac{ab}{b-a}$$

电容器内部的场强大小可表示为

$$E=U\frac{ab}{b-a}\frac{1}{r^2}$$

可见，电容器内部 $r$ 值越小处场强值越大，故内球面 $a$ 处场强值最大，电容器被击穿也最容易发生在此处。此处场强大小为

$$E(a)=U\frac{ab}{b-a}\frac{1}{a^2}$$

若 $U$、$b$ 给定，想令此处场强取得最小值，可令 $\frac{\mathrm{d}E(a)}{\mathrm{d}a}=0$，即

$$-\frac{b(b-2a)}{(b-a)^2a^2}U=0$$

解方程，可得场强取得最小值时

$$a=\frac{1}{2}b$$

**例题 2-3** 如图 2-2 所示，同轴线的内外导体半径分别为 $a$ 和 $b$。设内外导体上单位长度的带电量分别为 $\rho_l$ 和 $-\rho_l$，中间介质的介电常数为 $\varepsilon$。试求：(1)内外导体间的 $\boldsymbol{D}$ 及 $\boldsymbol{E}$；(2)内外导体间的电压 $U$；(3)若 $U$，$b$ 给定，内表面处场强取得最小值时 $a$ 应如何取值。

**解** (1) 根据电荷分布的轴对称性可知，介质中的电场分布也具有轴对称性，即到轴线等距离处电位移矢量大小相等，电位移矢量方向处处都垂直于内外导体表面，沿径向 $\boldsymbol{e}_\rho$。做同轴的截面半径为 $\rho(a<\rho<b)$、长为 $l$ 的圆柱面为高斯面。

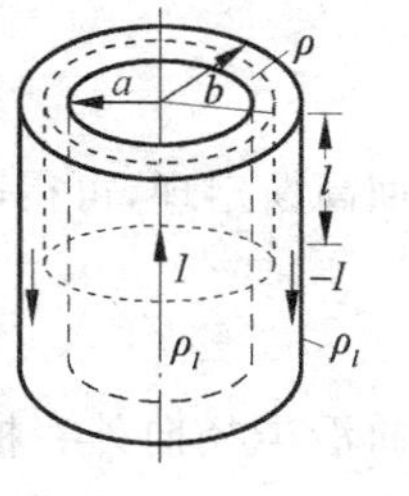

图 2-2 例题 2-3 用图

在高斯面的上、下圆盘底面处，面与 $\boldsymbol{D}$ 方向平行，因而没有通量穿过，不必考虑。于是根据高斯定理，有

$$\oint_S \boldsymbol{D}\cdot \mathrm{d}\boldsymbol{s} = \int_{\text{底面}} D\cos 90^\circ \cdot \mathrm{d}s + \int_{\text{侧面}} D\cos 0^\circ \cdot \mathrm{d}s$$
$$= D2\pi\rho l$$
$$= \rho_l l$$

考虑电位移矢量方向沿径向，可得电位移矢量和场强分别为

$$\boldsymbol{D}=\frac{\rho_l}{2\pi\rho}\boldsymbol{e}_\rho$$

$$\boldsymbol{E}=\frac{\boldsymbol{D}}{\varepsilon}=\frac{\rho_l}{2\pi\varepsilon\rho}\boldsymbol{e}_\rho$$

(2) 内外导体间的电压为

$$U=\int_a^b \boldsymbol{E}\cdot \mathrm{d}\boldsymbol{l}=\int_a^b \frac{\rho_l}{2\pi\varepsilon\rho}\mathrm{d}\rho=\frac{\rho_l}{2\pi\varepsilon}\ln\frac{b}{a}$$

(3) 由上式可得 $\frac{\rho_l}{2\pi\varepsilon}=\frac{U}{\ln\frac{b}{a}}$，代入场强表达式，有

$$E=\frac{U}{\rho\ln\frac{b}{a}}$$

可见，$\rho$ 值越小，场强值越大。$\rho=a$ 处，场强最大，最容易发生击穿现象。此处场强为

$$E(a)=\frac{U}{a\ln\frac{b}{a}}$$

若 $U$、$b$ 给定，想令此处场强取得最小值，可令 $\frac{\mathrm{d}E(a)}{\mathrm{d}a}=0$，即

$$-\frac{\left(\ln\frac{b}{a}-a\cdot\frac{a}{b}\cdot b\cdot\frac{1}{a^2}\right)U}{a^2\left(\ln\frac{b}{a}\right)^2}=0$$

解方程，可得

$$a=\frac{b}{e}$$

## 2.2　恒定磁场的基本规律

恒定电流产生的磁场称为**恒定磁场**。恒定磁场中的基本物理量是磁感应强度。根据亥姆霍兹定理，恒定磁场的性质由磁感应强度的散度和旋度来描述。本节将在讨论恒定磁场的基本实验定律——安培定律的基础上导出磁感应强度的表达式，进而讨论磁感应强度的散度和旋度。

### 2.2.1　安培力定律　磁感应强度

1820 年，法国物理学家安培通过实验总结出两电流回路之间相互作用力的规律，称为**安培力定律**。如图 2-3 所示，真空中静止的细导线回路 $L_1$ 和 $L_2$ 分别通有恒定电流 $I_1$ 和 $I_2$，安培从实验结果总结出回路 $L_1$ 对回路 $L_2$ 的作用力为

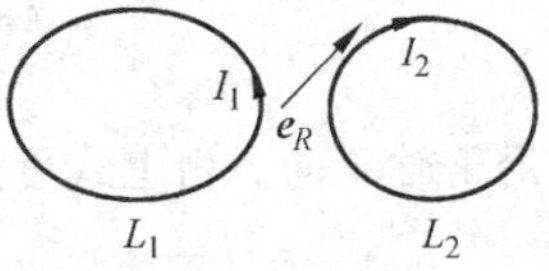


图 2-3　安培力定律

$$\boldsymbol{F}_{12}=\frac{\mu_0}{4\pi}\oint_{L_1}\oint_{L_2}\frac{I_2\mathrm{d}\boldsymbol{l}_2\times(I_1\mathrm{d}\boldsymbol{l}_1\times\boldsymbol{e}_R)}{R^2}\tag{2-13}$$

式中，$\mu_0=4\pi\times10^{-7}\mathrm{T\cdot m\cdot A^{-1}}$（或 $\mathrm{H\cdot m^{-1}}$），称为**真空中的磁导率**；$\boldsymbol{e}_R$ 是由电流元 $I_1\mathrm{d}\boldsymbol{l}_1$ 指向 $I_2\mathrm{d}\boldsymbol{l}_2$ 的单位向量，$R$ 是两个电流之间的距离。

按照宏观电磁场理论的观点，回路 $L_1$ 对回路 $L_2$ 的作用力是回路 $L_1$ 产生的磁场对回路 $L_2$ 中的电流的作用力。与根据库仑定律表达式定义电场强度的方法一样，我们把式(2-13)中与受力者相关的因素滤除，得到一个仅与产生场的源及场点位置相关的量，并定义为磁场的**磁感应强度**，则可得磁感应强度的定义式为

$$\boldsymbol{B}=\frac{\mu_0}{4\pi}\oint_{L_1}\frac{I_1\mathrm{d}\boldsymbol{l}_1\times\boldsymbol{e}_R}{R^2}\tag{2-14}$$

式(2-14)称为**毕奥-萨伐尔定律**，它是毕奥和萨伐尔二人于 1820 年根据闭合回路的实验结果，通过理论上的分析总结出来的，是与安培力定律在同一时期各自独立提出来的。

磁感应强度的单位是 T(特[斯拉]),或者 $Wb/m^2$(韦伯每平方米)。

**例题 2-4** 试求载流圆线圈轴线上任意一点的磁感应强度。设圆环的半径为 $a$,通有电流强度为 $I$。

**解** 建立坐标,如图 2-4 所示,在圆环上取电流元 $I\mathrm{d}\boldsymbol{l}$,根据 $I\mathrm{d}\boldsymbol{l}\times\boldsymbol{e}_R$ 可知,电流元 $I\mathrm{d}\boldsymbol{l}$ 在轴线上 $P$ 点处产生的磁感应强度 $\mathrm{d}\boldsymbol{B}$ 方向不同,但由于电流元的分布对轴线上的场点具有对称性,当电流元绕圆环选取一周时,各 $\mathrm{d}\boldsymbol{B}$ 方向沿 $x$ 轴和 $y$ 轴的分量相互抵消,因而仅剩沿 $z$ 轴方向分量,则有 $P$ 处磁感应强度大小

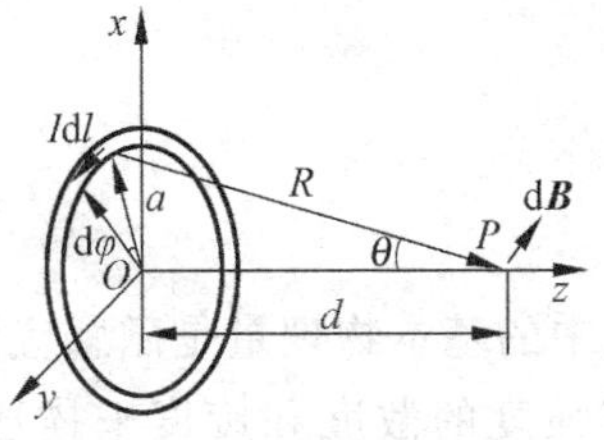


图 2-4 例题 2-4 用图

$$B=B_z=\frac{\mu_0}{4\pi}\oint_L\frac{I\mathrm{d}l}{R^2}\sin\theta$$

$$=\frac{\mu_0}{4\pi}\int_0^{2\pi}\frac{Ia\,\mathrm{d}\varphi}{R^2}\sin\theta$$

根据 $R^2=a^2+d^2$,$\sin\theta=\dfrac{a}{\sqrt{a^2+d^2}}$,有

$$B=\frac{\mu_0 Ia^2}{4\pi(a^2+d^2)^{3/2}}\int_0^{2\pi}\mathrm{d}\varphi=\frac{\mu_0 Ia^2}{2(a^2+d^2)^{3/2}}$$

$\boldsymbol{B}$ 沿 $z$ 轴正向。由上式可知 $d=0$ 时,$B=\dfrac{\mu_0 I}{2a}$。

### 2.2.2 恒定磁场中的高斯定理 磁感应强度的散度

高斯定理讨论的是场中通过闭合曲面通量与通量源之间的关系。在恒定磁场中,由于磁感应线是闭合的曲线,因此对于磁场中任一闭合曲面,若有磁感应线从闭合曲面上某处穿入,该线必定会从闭合曲面的另一处穿出,如图 2-5 所示。对于闭合曲面,我们规定曲面的法向指向曲面的外侧,因此磁感应线穿入曲面时磁通量为负,磁感应线穿出曲面时磁通量为正。由于对于磁场中穿入和穿出闭合曲面的磁感应线条数一样多,因此通过此闭合曲面的磁通量为零,即

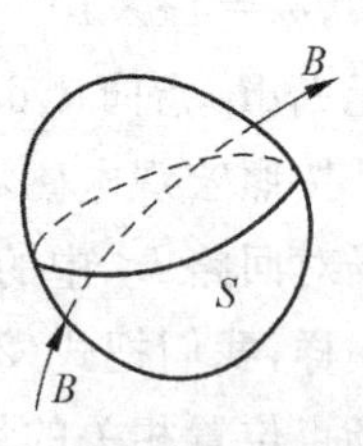


图 2-5 磁场高斯定理

$$\oint_S\boldsymbol{B}\cdot\mathrm{d}\boldsymbol{s}=0 \tag{2-15}$$

式(2-15)为**磁场中高斯定理(也称为磁通连续性原理)的积分形式**。

根据式(2-15)及散度定理 $\oint_S\boldsymbol{A}\cdot\mathrm{d}\boldsymbol{s}=\int_V\nabla\cdot\boldsymbol{A}\mathrm{d}v$,可得

$$\int_V \nabla\cdot \boldsymbol{B}\mathrm{d}v = 0$$

由于磁场中高斯定理对于任意位置任意大小的闭合曲面都成立，因此，$\boldsymbol{B}$ 的散度在任意体积的积分为零说明任意处 $\boldsymbol{B}$ 的散度为零，即

$$\nabla\cdot\boldsymbol{B}=0 \tag{2-16}$$

式(2-16)为**磁场中高斯定理的微分形式**。此式表明磁场是无散场。

### 2.2.3 恒定磁场中的环路定理 磁场强度的旋度

在恒定磁场中，环路定理讨论的是磁感应强度沿闭合路径的环流问题。1823 年，安培从大量的实验中总结出磁场的环路定理，因而此定理也称为**安培环路定律**：真空中磁感应强度沿闭合路径的环流等于该回路包围电流的代数和乘以真空的磁导率，数学表达式为

$$\oint_L \boldsymbol{B}\cdot \mathrm{d}\boldsymbol{l} = \mu_0 I \tag{2-17}$$

式(2-17)中，右侧的 $I$ 为闭合曲线包围的传导电流的代数和，当电流与回路方向符合右手螺旋关系时电流为正，否则为负。此式表明，磁场中 $\boldsymbol{B}$ 的环流仅与回路内包围的电流有关，而与回路外的电流无关。回路外的电流会影响回路上的 $\boldsymbol{B}$，但不会影响 $\boldsymbol{B}$ 的环流。

式(2-17)适用于真空中的恒定磁场。对于一般媒质而言，为讨论问题方便，引入**磁场强度**矢量

$$\boldsymbol{H}=\frac{\boldsymbol{B}}{\mu} \tag{2-18}$$

式(2-18)称为**磁场中的本构关系**，式中 $\mu$（$\mu=\mu_0\mu_r$，$\mu_r$ 称为相对磁导率）是媒质的**磁导率**。引入磁场强度后，存在磁介质时，磁场中的环路定理积分形式可以表达为

$$\oint_L \boldsymbol{H}\cdot \mathrm{d}\boldsymbol{l} = I \tag{2-19}$$

根据斯托克斯公式，结合式(2-19)，在恒定磁场中有

$$\int_S (\nabla\times \boldsymbol{H})\cdot \mathrm{d}\boldsymbol{s} = I$$

若闭合回路所包围面积内的**电流体密度**（回路中与电流流向垂直的单位面积通过的电流强度）为 $\boldsymbol{J}$，则回路内包围的电流强度可表示为

$$I = \int_S \boldsymbol{J}\cdot \mathrm{d}\boldsymbol{s} \tag{2-20}$$

结合上两式，可得

$$\nabla\times\boldsymbol{H}=\boldsymbol{J} \tag{2-21}$$

式(2-21)称为**安培环路定理的微分形式**。磁场强度的旋度不为零，说明磁场是有旋场，电流是该场的旋涡源。

**例题 2-5** 试求无限长直导线周围一点的磁感应强度。设直导线中电流强度为 $I$。

**解** 在过 $P$ 点且垂直于直导线的平面内，选取以垂足为圆心过 $P$ 点的圆环为闭合路径，路径的绕行方向与电流成右手螺旋关系，如图 2-6 所示。根据安培环路定律，有

$$\oint_L \boldsymbol{H} \cdot \mathrm{d}\boldsymbol{l} = I$$

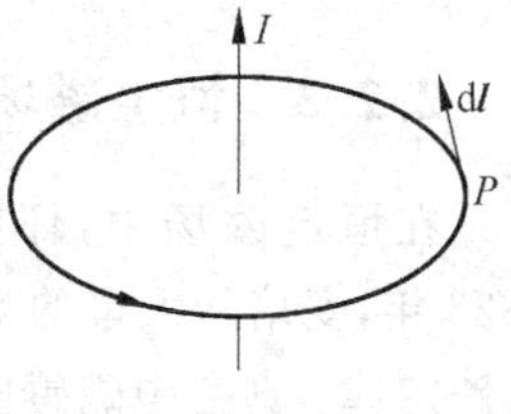

图 2-6 例题 2-5 用图

根据电流的对称性可知，回路上任意位移元方向与磁场强度方向一致，且回路上磁场强度大小相等，则上式可化简为

$$\oint_L H\cos\theta \mathrm{d}l = I$$

则有

$$\oint_L H \mathrm{d}l = I$$

$$H \cdot 2\pi\rho = I$$

可得磁场强度的大小为

$$H = \frac{I}{2\pi\rho}$$

根据磁介质中本构关系 $\boldsymbol{H} = \dfrac{\boldsymbol{B}}{\mu}$，可得磁感应强度大小为

$$B = \frac{\mu_0 I}{2\pi\rho}$$

考虑磁感应强度方向为回路的切向，写成矢量形式为

$$\boldsymbol{B} = \frac{\mu_0 I}{2\pi\rho}\boldsymbol{e}_\varphi$$

## 2.3 电荷守恒定律 电流密度

### 2.3.1 电流及电流密度

电流是电荷定向运动形成的，通常用电流强度来描述其大小。电流强度 $i$ 的定义式为

$$i=\lim_{\Delta t\to 0}\frac{\Delta Q}{\Delta t}=\frac{\mathrm{d}Q}{\mathrm{d}t} \tag{2-22}$$

电流强度一般简称为电流，单位为 A(安[培])。若电荷的运动速度不随时间变化，则形成的电流称为**恒定电流**，也称**直流**，用 $I$ 表示。

在电磁场理论中，常用到电流体密度、电流面密度这两个物理量，下面分别介绍。

(1) **电流体密度 $\boldsymbol{J}$**：电流在通电导体中流动时对应的密度为电流体密度，它的方向就是它所在处正电荷运动的方向，大小是垂直于电流流向的单位面积上的电流强度，单位为 $\mathrm{A/m^2}$。若导线的横截面上电流体密度是均匀的，导线横截面积为 $S$，则通过导体横截面的总电流为

$$I=\boldsymbol{J}\cdot\boldsymbol{S}$$

若电流在导线横截面上不均匀分布，则通过导线横截面的总电流强度为

$$i=\int_S \boldsymbol{J}\cdot \mathrm{d}\boldsymbol{s}$$

(2) **电流面密度 $\boldsymbol{J}_S$**：在理想导体中，电流集中在导体表面附近极薄的薄层内流动，形成面电流。为描述面电流分布情况，引入电流面密度的概念，电流面密度的方向为该处正电荷的运动方向，大小是垂直于电流流向的单位宽度内的电流强度，单位为 A/m。若导体表面电流面密度是均匀的，导体表面宽度为 $L$，则对应的电流强度为

$$I=\boldsymbol{J}_S\cdot\boldsymbol{L}$$

## 2.3.2 电荷守恒定律与电流连续性方程

实验表明，电荷是守恒的，它既不能被创造，也不能被消灭，只能从物体的一部分转移到另一部分，或者从一个物体转移到另一个物体。也就是说，在一个与外界没有电荷交换的系统内，正、负电荷的代数和在任何物理过程中始终保持不变，这称为**电荷守恒定律**。

根据电荷守恒定律，单位时间内从闭合面 $S$ 中流出的电荷量(量值等于电流强度)应等于闭合面 $S$ 所包围的体积 $V$ 内电荷的减少量，则有

$$\oint_S \boldsymbol{J}\cdot \mathrm{d}\boldsymbol{s}=-\frac{\mathrm{d}Q}{\mathrm{d}t}$$

设体积 $V$ 内电荷体密度为 $\rho_v$，则体积 $V$ 内的电荷总量可表示为 $Q=\int_V \rho_v \mathrm{d}v$，代入上式，可得

$$\oint_S \boldsymbol{J}\cdot \mathrm{d}\boldsymbol{s}=-\frac{\mathrm{d}}{\mathrm{d}t}\int_V \rho_v \mathrm{d}v \tag{2-23}$$

式(2-23)称为**电流连续性方程的积分形式**，它也是电荷守恒定律的数学表达式。

设闭合面 $S$ 包围的体积 $V$ 不随时间变化，则可将式(2-23)中的导数写成对时间的偏导数；同时，考虑等式右侧积分是对空间进行，偏导数是对时间进行，调换运算顺序不影响运算结果，因而，此式可以转换为

$$\oint_S \boldsymbol{J}\cdot \mathrm{d}\boldsymbol{s} = -\int_V \frac{\partial \rho_v}{\partial t}\mathrm{d}v$$

对此式左侧应用散度定理，可得

$$\int_V \nabla\cdot \boldsymbol{J}\mathrm{d}v = -\int_V \frac{\partial \rho_v}{\partial t}\mathrm{d}v$$

此式对任意选择的闭合面及所包围的体积都成立，根据积分值相等，可得对应的被积函数相等，故有

$$\nabla\cdot \boldsymbol{J} = -\frac{\partial \rho_v}{\partial t} \tag{2-24}$$

式(2-24)称为**电流连续性方程的微分形式**，此式表明，场中任意点的电流体密度的散度等于该点电荷体密度随时间的减小率。

### 2.3.3 导电媒质的本构关系

导电媒质中电流的形成是因为其内部有许许多多能自由移动的带电粒子(自由电子或正、负粒子)，这些粒子在外电场的作用下可以作宏观定向运动，进而形成电流。对于线性各向同性的导电媒质，其内任意一点的电流体密度与形成电流的电场强度之间的关系为

$$\boldsymbol{J} = \sigma \boldsymbol{E} \tag{2-25}$$

式(2-25)称为**导电媒质的本构关系**，也称为**欧姆定律的微分形式**。式中，$\sigma$ 为媒质的**电导率**，与媒质的构成有关，它的单位是 S/m(西[门子]每米)。媒质的电导率与电阻率互为倒数关系，若电阻率用字母 $\rho$ 表示，则有

$$\sigma = \frac{1}{\rho}$$

由欧姆定律的微分形式可以推导对应积分形式。设长为 $l$ 的导线两端的电势差为 $U$，根据场强与电势差的关系有

$$U = \int_L \boldsymbol{E}\cdot \mathrm{d}\boldsymbol{l} = \int_0^l \frac{\boldsymbol{J}}{\sigma}\cdot \mathrm{d}\boldsymbol{l} = \frac{J}{\sigma}l = \frac{I}{\sigma S}l = I\frac{\rho l}{S} = IR$$

## 2.4 法拉第电磁感应定律　位移电流

前面分别讨论了静止电荷产生的静电场，恒定电流产生的恒定磁场。静电场和恒定磁场都是空间坐标的函数，但它们都不随时间变化，而且静电场和恒定

磁场之间彼此独立。

实际的电磁场不只有静电场和恒定磁场，还有随时间变化的电场和磁场。如果电场和磁场是随时间变化的，则二者之间不再彼此独立，而是相互关联的。

本节首先介绍法拉第电磁感应定律，探讨时变的磁场如何产生电场，然后再介绍麦克斯韦的位移电流假说，探讨时变的电场如何产生磁场。

### 2.4.1 法拉第电磁感应定律

自学成才的英国物理学家法拉第经过 10 年的实验探索，在 1831 年取得突破，他发现导线回路所围面积的磁通量发生变化时，回路中就会出现感应电流，表明此时回路中存在电动势，这就是感应电动势。进一步研究发现，感应电动势的大小正比于磁通量对时间变化率的负值，方向是阻碍回路中磁通量的变化的，即

$$\mathscr{E}=-\frac{\mathrm{d}\Phi_{\mathrm{m}}}{\mathrm{d}t} \tag{2-26}$$

式(2-26)中，$\Phi_{\mathrm{m}}$ 为回路的磁通量。根据式 $\Phi_{\mathrm{m}}=\int_S \boldsymbol{B}\cdot \mathrm{d}\boldsymbol{s}$，上式可变换为

$$\mathscr{E}=-\frac{\mathrm{d}}{\mathrm{d}t}\int_S \boldsymbol{B}\cdot \mathrm{d}\boldsymbol{s} \tag{2-27}$$

当导体回路闭合时，回路中有感应电流，感应电动势就是形成这个感应电流的电势差。而回路中有感应电流，则预示着空间存在使电荷定向运动的电场，这个电场不是电荷产生的，是由于回路的磁通量变化而引起的，称之为**感生电场**。感生电场中感应电动势等于对应场强沿回路的积分，即

$$\mathscr{E}=\oint_L \boldsymbol{E}\cdot \mathrm{d}\boldsymbol{l}$$

把此式与式(2-27)相结合，则有

$$\oint_L \boldsymbol{E}\cdot \mathrm{d}\boldsymbol{l}=-\frac{\mathrm{d}}{\mathrm{d}t}\int_S \boldsymbol{B}\cdot \mathrm{d}\boldsymbol{s}$$

考虑回路面积不变，磁通量对时间的变化率仅是由于磁感应强度随时间变化引起的，可以表达成磁感应强度对时间的偏导数。同时调换等式中右侧的对空间积分和对时间偏导数的运算顺序，则有

$$\oint_L \boldsymbol{E}\cdot \mathrm{d}\boldsymbol{l}=-\int_S \frac{\partial \boldsymbol{B}}{\partial t}\cdot \mathrm{d}\boldsymbol{s} \tag{2-28}$$

此式称为**法拉第电磁感应定律的积分形式**。

对式(2-28)进一步分析可知，此式虽然是由感生电场得出，但它同样适用于静电场：在静电场中，场源是电荷，不是变化的磁场，则等式右侧磁感应强度对

时间的变化率为零，由此可得出静电场中环路定理的形式$\oint_L \boldsymbol{E}\cdot \mathrm{d}\boldsymbol{l}=0$。可见，此式涵盖了感生电场和静电场两种情况，称为**电场中环路定理的积分形式**。

根据斯托克斯公式，式(2-28)左侧场强沿闭合回路积分可以写成场强的旋度在回路包围面上的积分，即

$$\oint_L \boldsymbol{E}\cdot \mathrm{d}\boldsymbol{l}=\int_S(\nabla\times\boldsymbol{E})\cdot \mathrm{d}\boldsymbol{s}$$

把此式代回式(2-28)，可得

$$\int_S(\nabla\times\boldsymbol{E})\cdot \mathrm{d}\boldsymbol{s}=-\int_S\frac{\partial \boldsymbol{B}}{\partial t}\cdot \mathrm{d}\boldsymbol{s}$$

上式对任意回路所围面积 $S$ 都成立，则面积分相等意味对应的被积函数相等，则有

$$\nabla\times\boldsymbol{E}=-\frac{\partial \boldsymbol{B}}{\partial t} \tag{2-29}$$

式(2-29)称为**法拉第电磁感应定律的微分形式**(也称**电场环路定理的微分形式**)。此式表明，随时间变化的磁场将产生电场，这个电场即是感生电场。感生电场不同于静止电荷产生的静电场，静电场中场强的旋度为零，表明静电场是无旋场；感生电场中场强的旋度不为零，表明感生电场是有旋场，它的旋涡源即是磁通的变化。

## 2.4.2 位移电流

法拉第电磁感应定律揭示了随时间变化的磁场会产生电场。人们很自然地会思考问题的另一个方面：随时间变化的电场是否会产生磁场呢？麦克斯韦对这个问题深入研究时发现，随时间变化的电场同样可以产生磁场。为了把变化电场产生的磁场与恒定磁场中的环路定理表述形式上进行统一，1862 年麦克斯韦提出了位移电流的假设。

图 2-7 所示为电容器充放电电路。在电容器充放电过程中，电路中电流是随时间变化的，而且电容器两个极板之间是没有传导电流(电荷定向运动形成的电流称为**传导电流**)通过的。在回路中任取一个环绕电流的回路 $\boldsymbol{L}$，对于此闭合回路，在其左侧和右侧能够分别取以此回路为边界的曲面 $S_1$ 和 $S_2$，而对于曲面 $S_1$ 应用环路定理，有

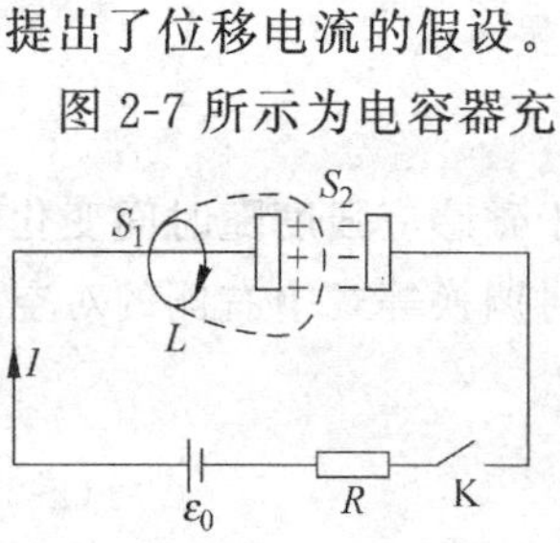

图 2-7 电容器充放电电路

$$\oint_L \boldsymbol{H}\cdot \mathrm{d}\boldsymbol{l}=\int_{S_1}\boldsymbol{J}_c\cdot \mathrm{d}\boldsymbol{s}=i_c$$

式中，$\boldsymbol{J}_c$ 为电路中传导电流的体密度(导线横截面单位面积流过的传导电流强度)，$i_c$ 为电路中传导电流的电流强度。

对于曲面 $S_2$ 应用环路定理，因电容器内没有传导电流存在，即 $i_c=0$，则有

$$\oint_L \boldsymbol{H} \cdot \mathrm{d}\boldsymbol{l} = \int_{S_2} \boldsymbol{J}_c \cdot \mathrm{d}\boldsymbol{s} = 0$$

比较以上两式可知，虽然是同一回路，但对应不同的曲面，环路定理有不同的结果，这显然是不妥的。为使环路定理在同一闭合路径包围的任何曲面都有统一的形式，对产生不同结果的原因进行分析，不难得出，这是电容器区域没有传导电流通过导致的，因而对安培环路定理进行修正时，应从电容器的特点入手。麦克斯韦根据电容器极板上电荷不断变化断言，电容器的两极板间应有一种等效电流，这个电流是由时变电场引起的，称为**位移电流**，用字母 $i_d$ 表示。根据电流的定义，麦克斯韦定义位移电流的强度等于电容器极板上电荷随时间的变化率，即

$$i_\mathrm{d} = \frac{\mathrm{d}q}{\mathrm{d}t}$$

电容器极板间电场的电位移矢量的大小与电荷之间的关系为

$$D = \varepsilon E = \varepsilon \frac{\sigma}{\varepsilon} = \sigma = \frac{q}{S}$$

式中，$\sigma$ 为电容器极板上电荷的面密度。由此式可得极板上电荷为

$$q = DS$$

把此式代入位移电流的表达式，并考虑电容器极板面积不变，极板上电荷变化是电位移矢量随时间变化引起的，故极板上电荷对时间的导数可写成电荷对时间的偏导数，可得

$$i_\mathrm{d} = \frac{\mathrm{d}q}{\mathrm{d}t} = S\frac{\partial D}{\partial t}$$

式中 $\boldsymbol{J}_\mathrm{d} = \dfrac{\partial \boldsymbol{D}}{\partial t}$ 表示了电位移矢量随时间的变化率，它的单位是 $\mathrm{A/m^2}$，与电流体密度的单位相同，故将其称为**位移电流体密度**。若位移电流在场中不是均匀分布的，则位移电流体密度与位移电流强度的关系可表示为

$$i_\mathrm{d} = \int_S \boldsymbol{J}_\mathrm{d} \cdot \mathrm{d}\boldsymbol{s} = \int_S \frac{\partial \boldsymbol{D}}{\partial t} \cdot \mathrm{d}\boldsymbol{s}$$

### 2.4.3 安培-麦克斯韦全电流定律

位移电流概念的引入是麦克斯韦对电磁场理论的重大贡献之一。位移电流与传导电流一样，也会在其周围激发磁场，即变化的电场也能产生磁场。麦克斯

韦运用这种思想把恒定磁场的安培环路定理中的电流重新定义为传导电流与位移电流的和(也称**全电流**),进而把恒定磁场中的安培环路定理推广到任意磁场中,得出**安培-麦克斯韦全电流定律**(也称**磁场环路定理**):磁场强度沿任意闭合路径的线积分等于该路径所包围曲面上的全电流。数学表达式为

$$\oint_L \boldsymbol{H}\cdot \mathrm{d}\boldsymbol{l}=I_c+I_d=\int_S\left(\boldsymbol{J}_c+\frac{\partial \boldsymbol{D}}{\partial t}\right)\cdot \mathrm{d}\boldsymbol{s} \tag{2-30}$$

式(2-30)是**磁场环路定理的积分形式**。根据散度定理(推导过程从略,读者自行推导),可写出**磁场环路定理的微分形式为**

$$\nabla\times\boldsymbol{H}=\boldsymbol{J}_c+\frac{\partial \boldsymbol{D}}{\partial t} \tag{2-31}$$

位移电流的概念虽然是作为一种假设提出的,但它的正确性已经被大量的实验事实所证实。位移电流的引入深刻地揭示了电场和磁场间的密切联系:不仅变化的磁场可以激发电场,变化的电场也同样在其周围激发磁场。这反映了自然现象的对称性,反映了电场和磁场的统一性。

**例题 2-6** 一块雷云带正电,并在地面上感应出大量的负电荷,使雷云与大地之间形成 $E=20\text{kV/cm}$ 的电场。当雷云与地面间发生闪电时,在 $15\mu\text{s}$ 内将雷云上的电荷全部放走。试求:放电过程中,云下空间的位移电流体密度 $J_d$ 及其指向。

**解** 根据位移电流体密度的定义,可得

$$J_d=\frac{\partial D}{\partial t}=\varepsilon_0\frac{\Delta E}{\Delta t}=8.854\times10^{-12}\times\frac{-2\times10^6}{15\times10^{-6}}=-1.18\text{A/m}^2$$

变化率为负值,说明 $\boldsymbol{J}_d$ 方向与 $\boldsymbol{E}$ 的方向相反,场强方向为正电荷指向负电荷方向,故 $\boldsymbol{J}_d$ 方向应由负电荷指向正电荷的方向,即位移电流体密度的方向为由地面指向雷云。

**例题 2-7** 在无源的自由空间($\boldsymbol{J}_c=0,\rho_V=0,\sigma=0$)中,磁场强度的表达式为 $\boldsymbol{H}=H_m\cos(\omega t-kz)\boldsymbol{i}$ A/m,式中 $H_m,\omega,k$ 为已知常量。试求:激发此磁场的位移电流体密度和电场强度表达式。

**解** 根据磁场环路定理的微分形式及自由空间的传导电流密度为0,可得位移电流体密度为

$$\boldsymbol{J}_d=\frac{\partial \boldsymbol{D}}{\partial t}=\nabla\times\boldsymbol{H}=\begin{vmatrix}\boldsymbol{i} & \boldsymbol{j} & \boldsymbol{k}\\ \frac{\partial}{\partial x} & \frac{\partial}{\partial y} & \frac{\partial}{\partial z}\\ H_x & 0 & 0\end{vmatrix}$$

$$=\frac{\partial H_x}{\partial z}\boldsymbol{j}=\frac{\partial}{\partial z}[H_m\cos(\omega t-kz)]\boldsymbol{j}$$

$$=kH_m\sin(\omega t-kz)\boldsymbol{j}\ \text{A/m}^2$$

由$\dfrac{\partial \boldsymbol{D}}{\partial t}=\nabla\times\boldsymbol{H}$,可知

$$\boldsymbol{D}=\int(\nabla\times H)\mathrm{d}t$$

则电场强度为

$$\begin{aligned}\boldsymbol{E}&=\frac{\boldsymbol{D}}{\varepsilon_0}=\frac{1}{\varepsilon_0}\int(\nabla\times\boldsymbol{H})\mathrm{d}t\\&=\frac{1}{\varepsilon_0}\int kH_{\mathrm{m}}\sin(\omega t-kz)\mathrm{d}t\,\boldsymbol{j}\\&=-\frac{k}{\omega\varepsilon_0}H_{\mathrm{m}}\cos(\omega t-kz)\boldsymbol{j}\ \mathrm{V/m}\end{aligned}$$

## 2.5 麦克斯韦方程组

麦克斯韦提出感应电场及位移电流的假设,把前人得出的静态场的相关电磁现象的规律推广到时变电磁场中,于 1864 年总结归纳出麦克斯韦方程组。

本节首先介绍麦克斯韦方程组中几个方程的微积分形式以及它们对应的物理意义,然后通过总结媒质中本构关系,给出媒质中麦克斯韦方程组的限定形式。

### 2.5.1 麦克斯韦方程组的积分形式

麦克斯韦方程组的积分形式描述的是一个大范围内(任意闭合面或闭合线所包围的空间范围)的场与场源(电荷、电流以及时变的电场和磁场)相互之间的关系。包含以下几个方程。

麦克斯韦方程组第一方程——电场环路定理的积分形式

$$\oint_L \boldsymbol{E}\cdot\mathrm{d}\boldsymbol{l}=-\int_S\frac{\partial\boldsymbol{B}}{\partial t}\cdot\mathrm{d}\boldsymbol{s}\tag{2-32}$$

此式表明:电场强度沿任意闭合曲线的环流等于穿过以该闭合曲线为边界的任意曲面的磁通量对时间变化率的负值。若电场不是变化磁场激发,而是静止电荷激发的静电场,则式(2-32)中等号右侧值为零,此时电场强度沿闭合回路的环流为零,它表明静电场是无旋场,场强线不是闭合曲线,而是有头有尾的。

麦克斯韦方程组第二方程——磁场环路定理的积分形式

$$\oint_L \boldsymbol{H}\cdot\mathrm{d}\boldsymbol{l}=I_c+I_{\mathrm{d}}=\int_S\left(\boldsymbol{J}_c+\frac{\partial\boldsymbol{D}}{\partial t}\right)\cdot\mathrm{d}\boldsymbol{s}\tag{2-33}$$

此式表明:磁场强度沿任意闭合曲线的环流等于穿过以该闭合曲线为边界的任意曲面的传导电流与位移电流的代数和。从此式可以看出,即便不是变化电场激发的磁场,而是传导电流激发的磁场,磁场强度的环流也不等于零,它表明磁

场是有旋场，磁场的场线是闭合的曲线，无头无尾。

麦克斯韦方程组第三方程——电场高斯定理的积分形式

$$\oint_S \boldsymbol{D} \cdot \mathrm{d}\boldsymbol{s} = \boldsymbol{Q} \tag{2-34}$$

此式表明：电场中穿过任意闭合曲面的电位移通量等于该曲面包围的自由电荷的代数和。对应静止电荷激发的静电场，电位移通量不为零，说明静电场是有源场，也称发散场，发散源即是静止电荷；而对于变化磁场激发的感生电场，由于式(2-34)等号右侧为零，则该场是无源场，不是发散场。

麦克斯韦方程组第四方程——磁场高斯定理的积分形式

$$\oint_S \boldsymbol{B} \cdot \mathrm{d}\boldsymbol{s} = 0 \tag{2-35}$$

此式表明：磁场中穿过任意闭合曲面的磁感应强度通量恒等于0。通量为零说明磁场不是发散场。

## 2.5.2 麦克斯韦方程组的微分形式

麦克斯韦方程组的微分形式描述的是空间任意一点场与场源的关系。分别对上述的积分形式应用斯托克斯公式及高斯公式，可得对应的微分形式分别如下。

麦克斯韦方程组第一方程——电场环路定理微分形式

$$\nabla\times\boldsymbol{E}=-\frac{\partial \boldsymbol{B}}{\partial t} \tag{2-36}$$

此式表明：时变磁场可以产生电场，这类电场称为感生电场。感生电场的场强的旋度不为零，说明感生电场是有旋场，它的旋度源即是变化的磁场。这个场的场强线是闭合的，无头无尾。

麦克斯韦方程组第二方程——磁场环路定理微分形式

$$\nabla\times\boldsymbol{H}=\boldsymbol{J}_c+\frac{\partial \boldsymbol{D}}{\partial t} \tag{2-37}$$

此式表明：磁场不仅由传导电流产生，也由位移电流(电位移矢量变化对应的等效电流)产生，时变电场可以产生磁场。无论是传导电流产生的磁场，还是位移电流产生的磁场，磁场旋度不为零，说明磁场是有旋场，旋度源即是对应的电流。

麦克斯韦方程组第三方程——电场高斯定理微分形式

$$\nabla\cdot\boldsymbol{D}=\rho_v \tag{2-38}$$

此式表明：对于静止电荷激发的静电场，电位移矢量的散度不为零，静电场是发散场，电场中电荷是电场散度的源。若空间任意一点存在正电荷体密度，则该点发出电位移线；若空间任意一点存在负电荷体密度，则电位移线汇聚于该点。而对于变化磁场激发的感生电场，电位移矢量的散度为零，即感生电场不是发散场，没有发散源。

麦克斯韦方程第四方程——磁场高斯定理微分形式

$$\nabla \cdot \boldsymbol{B}=0 \tag{2-39}$$

此式表明：磁场是无散场，磁感应线永远是闭合的，无头无尾的。

具体问题中，有时需用到电流连续性方程（电荷守恒定律），它的积分形式为

$$\oint_S \boldsymbol{J} \cdot \mathrm{d}\boldsymbol{s}=-\frac{\mathrm{d}}{\mathrm{d}t}\int_V \rho_v \mathrm{d}v \tag{2-40}$$

此式表明：空间任意闭合面中流出的电流等于该曲面包围空间内电荷对时间变化率的负值。此式对应的微分形式为

$$\nabla \cdot \boldsymbol{J}=-\frac{\partial \rho_v}{\partial t} \tag{2-41}$$

此式表明：空间任意一点处电流体密度的散度等于该处电荷体密度对时间变化率的负值。

### 2.5.3　媒质的本构关系与麦克斯韦方程组的限定形式

若有媒质存在，使用麦克斯韦方程组求解问题时，往往需要用到各场矢量之间的关系，它们之间的关系与媒质的结构特性有关，故称为**媒质的本构关系**。对于线性的各向同性的均匀媒质，本章前面介绍的几个本构关系总结如下：

$$\begin{aligned} \boldsymbol{D}&=\varepsilon_0\varepsilon_r \boldsymbol{E}=\varepsilon \boldsymbol{E} \\ \boldsymbol{B}&=\mu_0\mu_r \boldsymbol{H}=\mu \boldsymbol{H} \\ \boldsymbol{J}&=\sigma \boldsymbol{E} \end{aligned} \tag{2-42}$$

式中，$\varepsilon_0$ 和 $\mu_0$ 分别是真空的介电常数（也称电容率）和磁导率；$\varepsilon_r$ 和 $\mu_r$ 分别是媒质的相对介电常数（相对电容率）和相对磁导率；$\varepsilon$、$\mu$、$\sigma$ 分别是媒质的介电常数（电容率）、磁导率和电导率。

通过媒质的本构关系，可以把麦克斯韦方程组中两个电场矢量统一成一个——电场强度 $\boldsymbol{E}$，把两个磁场矢量统一成一个——磁场强度 $\boldsymbol{H}$，从而使麦克斯韦方程组变得更为简洁，这种变形的麦克斯韦方程组称为**麦克斯韦方程组的限定形式**，它适用于线性的各向同性的均匀媒质。麦克斯韦方程组的限定形式的几个微分方程分别是

$$\begin{aligned} \nabla \times \boldsymbol{E}&=-\mu \frac{\partial \boldsymbol{H}}{\partial t} \\ \nabla \times \boldsymbol{H}&=\sigma \boldsymbol{E}+\varepsilon \frac{\partial \boldsymbol{E}}{\partial t} \\ \nabla \cdot \boldsymbol{E}&=\frac{\rho_v}{\varepsilon} \\ \nabla \cdot \boldsymbol{H}&=0 \end{aligned} \tag{2-43}$$

麦克斯韦方程组是电磁场中的普适方程组，它既适用于静态场，也适用于时变电磁场。而且从该方程组我们可以看到：时变磁场可以产生电场，时变电场可以产生磁场，如此这般，我们可以想象，在电流和电荷都不存在的无源区域中，时变磁场和时变电场可以相互激发，就会像水波一样一环一环地由近及远传播开去，在空间形成电磁波。正是基于这种分析，麦克斯韦预言了电磁波的存在，并由此方程组求得了电磁波的传播速度与光速一致。麦克斯韦的这个伟大预言在1887年被德国的青年学者赫兹在实验中给予了证实，赫兹实验为麦克斯韦宏观电磁理论的正确性提供了有力的证据。

麦克斯韦方程组是一个逻辑体系严谨、数学表达式科学合理的一组方程式。利用麦克斯韦方程组，再加上上面介绍的辅助方程，原则上就可以求解各种宏观电磁场的问题。

**例题 2-8** 在无源的自由空间($\mu_0,\varepsilon_0$)，已知调频广播电台辐射电磁波的电场强度为 $\boldsymbol{E}=10^{-2}\sin(6.28\times10^9 t-20.9z)\boldsymbol{j}$ V/m。试求：(1)产生此电场的磁场的磁感应强度表达式；(2)磁场强度表达式；(3)波的传播速度。

**解** (1) 由 $\nabla\times\boldsymbol{E}=-\dfrac{\partial\boldsymbol{B}}{\partial t}$ 有

$$\frac{\partial\boldsymbol{B}}{\partial t}=-\nabla\times\boldsymbol{E}$$

$$=-\begin{vmatrix}\boldsymbol{i} & \boldsymbol{j} & \boldsymbol{k}\\ \dfrac{\partial}{\partial x} & \dfrac{\partial}{\partial y} & \dfrac{\partial}{\partial z}\\ E_x & E_y & E_z\end{vmatrix}$$

$$=\frac{\partial E_y}{\partial z}\boldsymbol{i}$$

$$=-20.9\times10^{-2}\cos(6.28\times10^9 t-20.9z)\boldsymbol{i}$$

两侧对时间积分，有

$$\boldsymbol{B}=\int(-\nabla\times\boldsymbol{E})\,\mathrm{d}t$$

$$=\int-20.9\times10^{-2}\cos(6.28\times10^9 t-20.9z)\,\mathrm{d}t\boldsymbol{i}$$

$$=-\frac{20.9\times10^{-2}}{6.28\times10^9}\sin(6.28\times10^9 t-20.9z)\boldsymbol{i}$$

$$=-3.33\times10^{-11}\sin(6.28\times10^9 t-20.9z)\boldsymbol{i}\ \mathrm{T}$$

(2) 由 $\boldsymbol{B}=\mu_0\boldsymbol{H}$，有

$$\boldsymbol{H}=\frac{\boldsymbol{B}}{\mu_0}=-\frac{3.33\times10^{-11}}{4\pi\times10^{-7}}\sin(6.28\times10^9t-20.9z)\boldsymbol{i}$$
$$=-2.65\times10^{-5}\sin(6.28\times10^9t-20.9z)\boldsymbol{i}$$

(3) 由波动表达式可知

$$\frac{2\pi}{\lambda}=20.9$$

$$T=\frac{2\pi}{\omega}=\frac{2\pi}{6.28\times10^9}$$

波的传播速度为

$$u=\frac{\lambda}{T}=\frac{6.28\times10^9}{20.9}=3\times10^8\,\text{m/s}$$

**例题 2-9**　在无源的自由空间中，已知电场强度表达式为 $\boldsymbol{E}=E_{\text{m}}\cos(\omega t+\beta z)\boldsymbol{i}$ V/m，式中 $E_{\text{m}},\omega,\beta$ 为已知常量。试求：(1)电位移矢量表达式；(2)磁感应强度；(3)磁场强度；(4)$\eta=\dfrac{E_{\text{m}}}{H_{\text{m}}}$的数值。

**解**　(1) 由 $\boldsymbol{D}=\varepsilon_0\boldsymbol{E}$，有

$$\boldsymbol{D}=\varepsilon_0E_{\text{m}}\cos(\omega t+\beta z)\boldsymbol{i}$$

(2) 由$\nabla\times\boldsymbol{E}=-\dfrac{\partial\boldsymbol{B}}{\partial t}$，及 $E_x=E_{\text{m}}\cos(\omega t+\beta z)$有

$$\frac{\partial\boldsymbol{B}}{\partial t}=-\nabla\times\boldsymbol{E}$$
$$=\begin{vmatrix}\boldsymbol{i} & \boldsymbol{j} & \boldsymbol{k}\\ \dfrac{\partial}{\partial x} & \dfrac{\partial}{\partial y} & \dfrac{\partial}{\partial z}\\ E_x & E_y & E_z\end{vmatrix}$$
$$=-\frac{\partial E_x}{\partial z}\boldsymbol{j}$$
$$=\beta E_{\text{m}}\sin(\omega t+\beta z)\boldsymbol{j}$$

两侧积分，则有

$$\boldsymbol{B}=-\int(\nabla\times\boldsymbol{E})\mathrm{d}t$$
$$=\int\beta E_{\text{m}}\sin(\omega t+\beta z)\mathrm{d}t\boldsymbol{j}$$
$$=-\frac{\beta E_{\text{m}}}{\omega}\cos(\omega t+\beta z)\boldsymbol{j}$$

(3) 由 $\boldsymbol{B}=\mu_0\boldsymbol{H}$,有

$$\boldsymbol{H}=\frac{\boldsymbol{B}}{\mu_0}=-\frac{\beta E_{\mathrm{m}}}{\omega\mu_0}\cos(\omega t+\beta z)\boldsymbol{j}\ \mathrm{A/m}$$

(4) 由 $\beta=\frac{2\pi}{\lambda}=\frac{2\pi}{cT}=\frac{2\pi}{c\,\frac{2\pi}{\omega}}=\frac{\omega}{c}$,可得

$$\eta=\frac{E_{\mathrm{m}}}{H_{\mathrm{m}}}=\frac{E_{\mathrm{m}}}{\frac{\beta E_{\mathrm{m}}}{\omega\mu_0}}=\frac{\omega\mu_0}{\beta}=\mu_0 c=120\pi=377\Omega$$

电磁波中电场强度幅值与磁场强度幅值的比值 $\eta$ 称为电磁波的波阻抗,单位为欧姆(Ω)。由此例结果可以看出,波阻抗是仅与介质情况相关的物理量,真空中,波阻抗值为 377Ω。

## 2.6 电磁场的边界条件

在实际工作中,往往会涉及由不同的媒质组成的电磁系统。从麦克斯韦方程组及辅助方程只能得到各媒质中都适用的通解,若要获得不同媒质中的特解,则必须知道不同媒质交界面上电磁场量之间的转换关系。电磁场量 $\boldsymbol{E}$、$\boldsymbol{D}$、$\boldsymbol{B}$、$\boldsymbol{H}$ 在不同媒质分界面上各自满足的转换关系称为**电磁场的边界条件**。

研究边界条件的基本依据依然是麦克斯韦方程组。由于麦克斯韦方程组的微分形式只对应于电磁场中某一点的情况,而边界条件要研究不同媒质边界面处电磁场量之间的转换关系,所以麦克斯韦方程组的微分形式在研究边界条件问题时不再适用,因而本节首先从麦克斯韦方程组的积分形式出发,讨论不同媒质交界面处边界条件的一般形式,然后探讨两种特殊情况下的边界条件。

### 2.6.1 边界条件的一般形式

(1) 为推导两种媒质交界面处的切向边界条件,需从麦克斯韦方程组的环路定理积分形式出发。如图 2-8 所示,跨越两种媒质边界两侧作小回路 $\boldsymbol{L}$,其长边 $\Delta l$ 紧贴边界,其高度 $\Delta h$ 为一高阶微量,因而小回路所包围的面积 $\Delta s=\Delta l\times\Delta h$ 也是高阶微量。

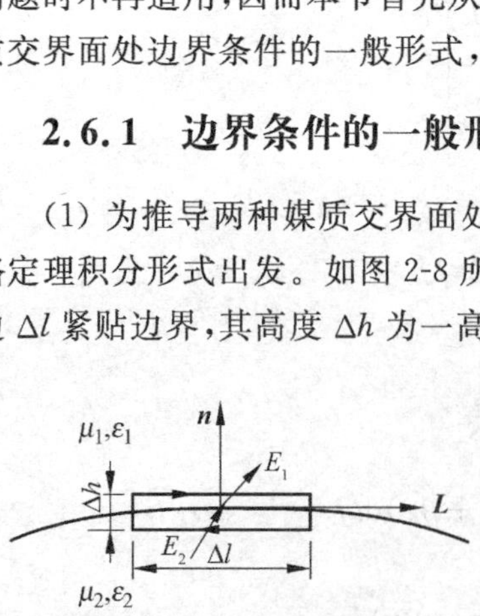

图 2-8 切向边界条件

为推导电场的边界条件,对此回路应用麦克斯韦方程组中电场环路定理的积分形式。环路定理的左侧场强的环流可分解为环路的四个组成部分的分段积分,而且对于两个长度为 $\Delta h$ 的短边,由于 $\Delta h$ 为高阶微

量，对应积分 $\Delta h \cdot E=0$，则环路定理的左侧可化简为

$$\oint_L \boldsymbol{E} \cdot \mathrm{d}\boldsymbol{l} = \boldsymbol{E}_1 \cdot \Delta \boldsymbol{l} + \boldsymbol{E}_2 \cdot (-\Delta \boldsymbol{l}) = E_{1t}\Delta l - E_{2t}\Delta l$$

式中，$E_{1t}$、$E_{2t}$分别表示场强在两种媒质中的切向分量；负号是媒质 2 中场强的方向与回路绕行方向夹角为钝角所致（媒质中，场强的方向与一长边绕行方向成锐角，与另一长边绕行方向必然为钝角）。由于回路包围的面积 $\Delta S$ 也为高阶微量，故面积对应的磁通量为零，磁通对时间的变化率也为零，可得电场环路定理的右侧结果为零，即

$$-\int_S \frac{\partial \boldsymbol{B}}{\partial t} \cdot \mathrm{d}\boldsymbol{s} = 0$$

把上两式代入电场环路定理$\oint_L \boldsymbol{E} \cdot \mathrm{d}\boldsymbol{l} = -\int_S \frac{\partial \boldsymbol{B}}{\partial t} \cdot \mathrm{d}\boldsymbol{s}$，可得

$$E_{1t}\Delta l - E_{2t}\Delta l = 0$$

$\Delta l$ 为回路的长边长度，是不为零的数，对此式变形，可得

$$E_{1t} = E_{2t} \tag{2-44}$$

式(2-44)称为**电场的切向边界条件**。此式表明，在两种媒质的交界面处，电场强度的切向分量是连续的。

为推导磁场的边界条件，采用与上面类似的方法，对此回路应用麦克斯韦方程组中磁场环路定理的积分形式，并做类似的化简，可得磁场环路定理的左侧结果为

$$\oint_L \boldsymbol{H} \cdot \mathrm{d}\boldsymbol{l} = H_{1t}\Delta l - H_{2t}\Delta l$$

回路包围面积为高阶微量，故磁场环路定理右侧位移电流体密度在面积上的积分为零，则有

$$I_c + \int_S \frac{\partial \boldsymbol{D}}{\partial t} \cdot \mathrm{d}\boldsymbol{s} = J_s \Delta l$$

式中，$I_c$ 为回路包围的传导电流的代数和。理想导体内电流分布有趋肤效应，即电流基本分布在导体表面极薄一层内，故传导电流的代数和等于电流面密度 $J_s$（电流沿表面流动时，与流向垂直的电位长度对应的电流强度）与回路长边长度 $\Delta l$ 的乘积。把左右两边的结果代入磁场环路定理的积分形式$\oint_L \boldsymbol{H} \cdot \mathrm{d}\boldsymbol{l} = I_c + \int_S \frac{\partial \boldsymbol{D}}{\partial t} \cdot \mathrm{d}\boldsymbol{s}$ 中，可得

$$H_{1t}\Delta l - H_{2t}\Delta l = J_s \Delta l$$

对此式化简，可得

$$H_{1t} - H_{2t} = J_s \tag{2-45}$$

式(2-45)称为**磁场的切向边界条件**。此式表明，在两种媒质的交界面处，磁场强度切向分量的差额等于交界面上电流的面密度，磁场强度的切向分量是不连续的。使用此式时需注意，当面元的法向 $\boldsymbol{n}$ 由媒质 2 指向媒质 1 时，若电流面密度方向与 $\boldsymbol{n}\times\boldsymbol{H}$ 方向一致，则电流面密度为正值，否则为负值(这个规定与普通物理中电流值正负的规定是一致的，普通物理电磁学部分规定，回路当绕行方向与电流的流向成右手螺旋关系时，电流值为正，否则为负。读者可自行举例验证。)。

(2) 为推导两种媒质交界面处的法向边界条件，需从麦克斯韦方程组的高斯定理的积分形式出发。如图 2-9 所示，跨越两种媒质边界两侧作小闭合面 $S$。其高度 $\Delta h$ 也为一高阶微量，穿出侧面的通量可视为 0。其上下表面 $\Delta s$ 紧贴边界，且为面积微元，计算穿出回路所包围的体积的通量时，可认为对应场量为恒量。

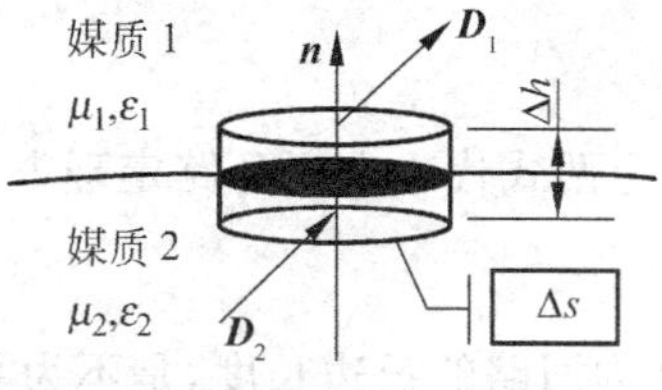


图 2-9　法向边界条件

为推导电场的边界条件，对此闭合面应用麦克斯韦方程组中电场高斯定理的积分形式。高斯定理的左侧闭合面的电通量可分解为构成闭合面的三个组成部分的分段积分，而且对于高度为 $\Delta h$ 的侧面，由于 $\Delta h$ 为高阶微量，对应通量为零，则高斯定理的左侧可化简为

$$\oint_S \boldsymbol{D}\cdot d\boldsymbol{s} = \boldsymbol{D}_1\cdot\boldsymbol{e}_{n1}\Delta s + \boldsymbol{D}_2\cdot(\boldsymbol{e}_{n2}\Delta s) = D_{1n}\Delta s - D_{2n}\Delta s$$

式中，$\boldsymbol{D}_1$、$\boldsymbol{D}_2$ 分别表示媒质 1 和媒质 2 中的电位移矢量；$\boldsymbol{e}_{n1}$、$\boldsymbol{e}_{n2}$ 分别表示闭合面的上底面和下底面的法向单位矢量；$D_{1n}$、$D_{2n}$ 分别表示在上底面和下底面处电位移矢量沿面法向的分量；负号是下底面处电位移矢量方向与面的法向方向成钝角(闭合面的法向方向规定为垂直于面且指向面外)所致。设交界面处电荷的面密度为 $\rho_s$(理想媒质电荷分布于表面)，则闭合面内包围电荷的代数和为

$$Q=\rho_s\Delta s$$

把上两式的结果代入电场高斯定理 $\oint_S \boldsymbol{D}\cdot d\boldsymbol{s} = Q$，可得

$$D_{1n}\Delta s - D_{2n}\Delta s=\rho_s\Delta s$$

式中，$\Delta s\neq 0$，此式可化简为

$$D_{1n}-D_{2n}=\rho_s \tag{2-46}$$

式(2-46)称为**电场的法向边界条件**。此式表明，在两种媒质的交界面处，电位移矢量的法向分量是不连续的，两种媒质中电位移矢量的差额等于边界面上电荷的面密度。使用此式时需注意，我们推导公式对应的情况是：电位移矢量方向

总体是从媒质 2 指向媒质 1,若实际情况与此相反,则应在电荷面密度之前加一负号。

为推导磁场的边界条件,采用与上面类似的方法,对此闭合面应用麦克斯韦方程组中磁场高斯定理的积分形式,并做类似的化简,可得磁场高斯定理的左侧结果为

$$\oint_S \boldsymbol{B} \cdot \mathrm{d}\boldsymbol{s} = B_{1n}\Delta s - B_{2n}\Delta s$$

把此式结果代入磁场高斯定理 $\oint_S \boldsymbol{B} \cdot \mathrm{d}\boldsymbol{s} = 0$ 中,可得

$$B_{1n}\Delta s - B_{2n}\Delta s = 0$$

化简可得

$$B_{1n} = B_{2n} \tag{2-47}$$

式(2-47)称为**磁场的法向边界条件**。此式表明,在两种媒质的交界面处,磁感应强度矢量的法向分量是连续的。

式(2-44)~式(2-47)统称为电磁场的边界条件,总结以上得出的四个边界条件可知:(1)任何交界面上电场强度 $\boldsymbol{E}$ 的切向分量总是连续的;(2)任何交界面上磁感应强度 $\boldsymbol{B}$ 的法向分量总是连续的;(3)若交界面处存在面电流,则磁场强度 $\boldsymbol{H}$ 的切向分量不连续,两种媒质中对应的差值等于交界面上电流面密度,否则 $\boldsymbol{H}$ 的切向分量连续;(4)若交界面处存在面电荷,则电位移矢量 $\boldsymbol{D}$ 的法向分量不连续,两种媒质中对应的差值等于交界面上电荷面密度,否则 $\boldsymbol{D}$ 的法向分量连续。

### 2.6.2　两种特殊情况下的边界条件

在电磁场工程实践问题中,经常应用到电导率很高的良导体(如铜、铝等金属,它们的电导率基本都在 $10^7$S/m 数量级)和电导率很低的电介质(如聚苯乙烯、陶瓷等,它们的电导率基本都在 $10^{-14}$S/m 数量级)。为了简化电磁场中问题的分析和计算,我们通常将良导体视为理想导体(电导率 $\sigma \to \infty$),将电介质视为理想介质(电导率 $\sigma = 0$)。在这些特殊介质的交界面处,前面讨论的边界条件有其特定的关系,总结这些特定的关系,将有利于提高处理问题的效率。

(1) 理想导体与理想介质交界面处的边界条件

设媒质 1 为理想介质,媒质 2 为理想导体。在电磁场中,理想导体处于静电平衡状态,其内部电场强度为 0,即 $\boldsymbol{E}_2 = \boldsymbol{D}_2 = \boldsymbol{0}$。同时,在时变场中,磁场由变化的电场产生,电场强度及电位移矢量为 0,意味着理想导体内部磁感应强度和磁场强度也应为 0,即 $\boldsymbol{B}_2 = \boldsymbol{H}_2 = \boldsymbol{0}$。静电平衡时导体上电荷全部分布于导体表面,理想导体的电流也分布于导体表面。把这些条件代入边界条件中,可以得到理

想导体与理想介质交界面处的边界条件为

$$\begin{aligned} &E_{1t}=0 \quad (E_{2t}=0) \\ &H_{1t}=J_s \quad (H_{2t}=0) \\ &D_{1n}=\rho_s \quad (D_{2n}=0) \\ &B_{1n}=0 \quad (B_{2n}=0) \end{aligned} \tag{2-48}$$

(2) 两种理想介质交界面处的边界条件

设媒质 1 和媒质 2 是两种不同的理想介质。由于理想介质的电导率 $\sigma=0$，是无欧姆损耗的简单媒质，因而它们的分界面上不存在面电流和面电荷，即 $\rho_s=0$，$J_s=0$。把这些条件代入边界条件中，可以得到两种理想介质交界面处的边界条件为

$$\begin{aligned} &E_{1t}=E_{2t} \\ &H_{1t}=H_{2t} \\ &D_{1n}=D_{2n} \\ &B_{1n}=B_{2n} \end{aligned} \tag{2-49}$$

**例题 2-10** 如图 2-10 所示，已知 $z<0$ 的区域媒质 $\mu_{r2}=1.5$，$z>0$ 的区域媒质 $\mu_{r1}=5$。在两种媒质的交界处有

$$\boldsymbol{B}_2=2.4\boldsymbol{i}+10.0\boldsymbol{k}\ (\mathrm{T})$$

$$\boldsymbol{B}_1=25.75\boldsymbol{i}-17.7\boldsymbol{j}+10.0\boldsymbol{k}\ (\mathrm{T})$$

试求：交界面处电流面密度。

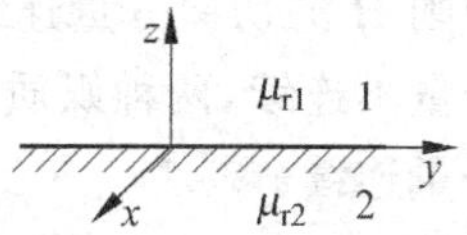

图 2-10 例题 2-10 用图

**解** 由已知，$z$ 轴正向为交界面的法向，则 $x$ 轴、$y$ 轴两个方向为交界面的切向，根据磁场的切向边界条件有

$$H_{1t}-H_{2t}=J_s$$

为求磁场强度，可利用磁场的本构关系，有

$$\boldsymbol{H}_1=\frac{\boldsymbol{B}_1}{\mu_1}=\frac{\boldsymbol{B}_1}{\mu_{r1}\mu_0}=\frac{1}{\mu_0}(5.15\boldsymbol{i}-3.54\boldsymbol{j}+2.0\boldsymbol{k})$$

$$\boldsymbol{H}_2=\frac{\boldsymbol{B}_2}{\mu_2}=\frac{\boldsymbol{B}_2}{\mu_{r2}\mu_0}=\frac{1}{\mu_0}(1.6\boldsymbol{i}+6.67\boldsymbol{k})$$

把对应值代入磁场的切向边界条件，并考虑交界面的切向有两个方向，因而电流面密度也有两个分量，分别为

$$J_{sy}=H_{1x}-H_{2x}=\frac{3.54}{\mu_0}$$

（注：当交界面的法向规定为媒质 2 指向媒质 1 的方向时，电流面密度的方向为交界面法向与磁场强度的矢量积方向，即电流面密度方向为 $\boldsymbol{n}\times\boldsymbol{H}$ 方向，所以，磁场强度 $x$ 轴分量的差额等于电流面密度 $y$ 轴分量值。）

$$J_{sx}=-(H_{1y}-H_{2y})=\frac{3.54}{\mu_0}$$

（注：$z$ 轴正向与 $y$ 轴正向的矢量积方向应沿 $x$ 轴负向。）

电流面密度矢量为

$$\boldsymbol{J}_s=J_{sx}\boldsymbol{i}+J_{sy}\boldsymbol{j}+J_{sz}\boldsymbol{k}=\frac{3.54}{\mu_0}\boldsymbol{i}+\frac{3.54}{\mu_0}\boldsymbol{j}\ (\mathrm{A/m})$$

**例题 2-11**　如图 2-11 所示，在大地与空气的分界面上，设土壤中的电场强度为 1000V/m，场强方向与地面法向夹角是 30°。已知土壤的相对介电常数为 6，试求：空气中的电场强度。

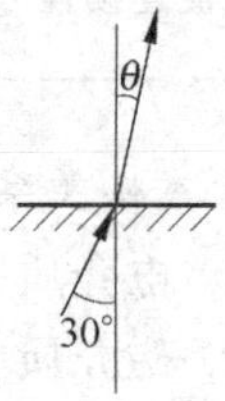

图 2-11　例题 2-11 用图

**解**　设空气为媒质 1，土壤为媒质 2，分界面法向由媒质 2 指向媒质 1。$\varepsilon_1=\varepsilon_0$，$\varepsilon_2=6\varepsilon_0$。分界面上无电荷，根据电场的法向边界条件，有

$$D_{1n}-D_{2n}=\rho_s=0$$

即

$$D_{1n}=D_{2n}=D_2\cos 30°$$

则
$$E_{1n}=\frac{D_{1n}}{\varepsilon_1}=\frac{D_2\cos 30°}{\varepsilon_1}=\frac{\varepsilon_2 E_2\cos 30°}{\varepsilon_1}=6\times 1000\times\frac{\sqrt{3}}{2}=3000\sqrt{3}$$

根据电场的切向边界条件，有

$$E_{1t}=E_{2t}=E_2\sin 30°=1000\times\frac{1}{2}=500$$

若以平行地面方向为 $x$ 轴，垂直地面向上为 $y$ 轴正向建立坐标系，则空气中电场强度可表示为

$$\boldsymbol{E}=500\boldsymbol{i}+3000\sqrt{3}\boldsymbol{j}$$

# 小结

本章主要研究电磁场中的基本方程和边界条件。

**1. 电磁场的基本方程**

1）麦克斯韦方程组

方程组中五个方程的积分形式、微分形式如表 2-1 所示。

表 2-1 麦克斯韦方程组

| 场类型 | 方程类型 | 积分形式 | 微分形式 |
|---|---|---|---|
| 电场 | 环路定理 | $\oint_L \boldsymbol{E}\cdot \mathrm{d}\boldsymbol{l}=-\int_S \frac{\partial \boldsymbol{B}}{\partial t}\cdot \mathrm{d}\boldsymbol{s}$ | $\nabla\times\boldsymbol{E}=-\frac{\partial \boldsymbol{B}}{\partial t}$ |
| | 高斯定理 | $\oint_S \boldsymbol{D}\cdot \mathrm{d}\boldsymbol{s}=Q$ | $\nabla\cdot\boldsymbol{D}=\rho_v$ |
| 磁场 | 环路定理 | $\oint_L \boldsymbol{H}\cdot \mathrm{d}\boldsymbol{l}=\int_S \left(\boldsymbol{J}_c+\frac{\partial \boldsymbol{D}}{\partial t}\right)\cdot \mathrm{d}\boldsymbol{s}$ | $\nabla\times\boldsymbol{H}=\boldsymbol{J}_c+\frac{\partial \boldsymbol{D}}{\partial t}$ |
| | 高斯定理 | $\oint_S \boldsymbol{B}\cdot \mathrm{d}\boldsymbol{s}=0$ | $\nabla\cdot\boldsymbol{B}=0$ |
| 电流连续性方程 | | $\oint_S \boldsymbol{J}\cdot \mathrm{d}\boldsymbol{s}=-\frac{\mathrm{d}}{\mathrm{d}t}\int_V \rho_v \mathrm{d}v$ | $\nabla\cdot\boldsymbol{J}=-\frac{\partial \rho_v}{\partial t}$ |

2) 本构关系

(1) 电介质中本构关系 $\boldsymbol{D}=\varepsilon_0\varepsilon_r\boldsymbol{E}=\varepsilon\boldsymbol{E}$

(2) 磁介质中本构关系 $\boldsymbol{B}=\mu_0\mu_r\boldsymbol{H}=\mu\boldsymbol{H}$

(3) 导电媒质中本构关系 $\boldsymbol{J}=\sigma\boldsymbol{E}$

**2. 边界条件**

1) 电场边界条件

(1) 切向边界条件 $E_{1t}=E_{2t}$

(2) 法向边界条件 $D_{1n}-D_{2n}=\rho_s$

2) 磁场边界条件

(1) 切向边界条件 $H_{1t}-H_{2t}=J_s$

(2) 法向边界条件 $B_{1n}=B_{2n}$

3) 两种特殊情况下的边界条件

(1) 理想导体与理想介质交界面处的边界条件

$$E_{1t}=0 \quad (E_{2t}=0)$$
$$H_{1t}=J_s \quad (H_{2t}=0)$$
$$D_{1n}=\rho_s \quad (D_{2n}=0)$$
$$B_{1n}=0 \quad (B_{2n}=0)$$

(2) 两种理想介质交界面处的边界条件

$$E_{1t}=E_{2t}$$
$$H_{1t}=H_{2t}$$
$$D_{1n}=D_{2n}$$
$$B_{1n}=B_{2n}$$

# 习题 2

2-1　圆柱形带电体，在 $\rho=2\text{m}$ 至 $\rho=4\text{m}$ 之间的区域电荷均匀分布，密度为 $a(\text{C/m}^3)$。试求：空间各区域的电位移矢量。

2-2　均匀带电球体，半径为 $a$，电荷体密度为 $\rho$。试求：各区域的电位移矢量。

2-3　截面半径为 $a$ 的长直导体，其内部的磁场强度为 $\boldsymbol{H}=\dfrac{\rho I}{2\pi a^2}\boldsymbol{e}_\varphi$，外部磁场强度为 $\boldsymbol{H}=\dfrac{I}{2\pi\rho}\boldsymbol{e}_\varphi$。试求：这两个区域的电流体密度。

2-4　截面半径为 $a$ 的实心长直导体沿轴线方向通有电流 $I$，设电流在导体截面上均匀分布。试求：各区域磁场强度。

2-5　已知在无源的自由空间中，电场强度表达式为

$$\boldsymbol{E}=0.1\sin(10\pi x)\cos(6\pi\times10^9 t-62.8z)\boldsymbol{j}\ \text{V/m}$$

试求：(1)磁场强度；(2)波的传播速度。

2-6　一大功率变压器在空气中产生的磁感应强度的表达式为

$$\boldsymbol{B}=0.8\cos(3.77\times10^2 t-1.26\times10^{-6}x)\boldsymbol{j}\ \text{T}$$

试求：(1)位移电流体密度的大小；(2)电位移矢量；(3)电场强度。

2-7　在 $x=0$ 面上有电流面密度为 $\boldsymbol{J}_s=6.5\boldsymbol{k}$ A/m 的电流。已知在 $x<0$ 的区域 1 中 $\boldsymbol{H}_1=10\boldsymbol{j}$ A/m。试求：在 $x>0$ 的区域 2 中 $\boldsymbol{H}_2$。

2-8　在 $z<0$ 的区域 1 中媒质的参数为 $\varepsilon_1=\varepsilon_0,\mu_1=\mu_0,\sigma_1=0$，在 $z>0$ 的区域 2 中媒质的参数为 $\varepsilon_2=5\varepsilon_0,\mu_2=20\mu_0,\sigma_2=0$。区域 1 中电场强度为 $\boldsymbol{E}_1=[60\cos(1.5\times10^9 t-5z)+20\cos(1.5\times10^9 t-5z)]\boldsymbol{i}$ V/m，区域 2 中电场强度为 $\boldsymbol{E}_2=A\cos(1.5\times10^9 t-5z)\boldsymbol{i}$ V/m。试求：(1)常数 $A$ 的值；(2)两个区域的磁场强度表达式；(3)交界面处电流面密度；(4)验证两区域磁场法向边界条件。

2-9　电荷 $q_1=8C$ 位于 $z$ 轴上 $z=4$ 处，电荷 $q_2=-4\text{C}$，位于 $y$ 轴上 $y=4$ 处。试求：点 $P(4,0,0)$处的电场强度。

2-10　无限大均匀带电平面电荷面密度为 $\sigma$。试证明：垂直于平面的 $z$ 轴上 $z=z_0$ 处的电场强度 $E$ 中，有一半是由平面上半径为$\sqrt{3}z_0$ 的圆内的电荷产生的。

2-11　空间一电场的电场强度表达式为 $\boldsymbol{E}=y\boldsymbol{i}+x\boldsymbol{j}$ V/m，试求经下列两种路径把带电量为 $-2\mu\text{C}$ 的点电荷从点 $P_1(2,1,-1)$移到点 $P_2(8,2,-1)$时电场

所做的功：(1)沿曲线 $x=2y^2$；(2)沿连接该两点的直线。

2-12 已知无限长均匀带电导线上电荷线密度为 $\rho_l$，此带电导线的电场中场强为 $\boldsymbol{E}=\dfrac{\rho_l}{2\pi\varepsilon_0\rho}\boldsymbol{e}_\rho$。试根据电位与场强的关系式 $\phi_\rho=\int_\rho^{\rho_P}\boldsymbol{E}\cdot\mathrm{d}\boldsymbol{l}$（$\rho_P$ 处为电位参考点）。求：无限长均匀带电导线附近到直线垂直距离为 $\rho$ 的场点的电位函数。

# 第3章 静电场的基本方程与边界条件

从本章开始，我们将用第 3 章、第 4 章、第 5 章三章分别研究静电场、恒定电场、恒定磁场这个三个静态场的相关问题。

根据麦克斯韦方程组可知，如果场是时变的，则电场和磁场之间彼此不独立；而如果场是不随时间变化的静态场，则电场和磁场之间彼此独立，互不影响。静态场是电磁场的特殊形式，也是研究时变电磁场的基础。

静电场是静止电荷产生的。本章首先研究静电场的基本方程、边界条件，然后根据静电场的特点引入电位的概念，再讨论静电场中导体组构成的电容器的电容、电场能量，并介绍静电场问题求解的常用方法。

静电场、恒定电场、恒定磁场的分析和求解有许多相似之处，本章的学习也将为后续两章的学习在学习方法方面打下基础。

## 3.1 静电场的基本方程与边界条件

本节将从第 2 章介绍的麦克斯韦方程组及边界条件出发，讨论静电场中对应的基本方程和边界条件。

### 3.1.1 静电场的基本方程

静电场的场源是静止电荷($Q$)，对应的场量是电场强度($\boldsymbol{E}$)和电位移矢量($\boldsymbol{D}$)。这几个量都是不随时间变化的量，因而麦克斯韦方程组在静电场中具体形式有两种，分别为

积分形式

$$\begin{aligned}&\oint_L \boldsymbol{E}\cdot \mathrm{d}\boldsymbol{l} = -\int_S \frac{\partial \boldsymbol{B}}{\partial t}\cdot \mathrm{d}\boldsymbol{s} = \boldsymbol{0}\\ &\oint_S \boldsymbol{D}\cdot \mathrm{d}\boldsymbol{s} = Q = \int_V \rho_v \mathrm{d}v\end{aligned} \tag{3-1}$$

微分形式

$$\begin{aligned}\nabla \times \boldsymbol{E} &= 0 \\ \nabla \cdot \boldsymbol{D} &= \rho_v\end{aligned} \tag{3-2}$$

积分形式和微分形式中的第一个基本方程分别反映静电场中电场强度的环流为零,电场强度的旋度为零。这两个表达式都表明:静电场不是旋涡场,是无旋场,静电场中无旋涡源;积分形式和微分形式中的第二个基本方程分别反映静电场中电位移矢量的通量不为零,散度不为零。电位移矢量对闭合面的通量等于面内包围电荷代数和,电位移矢量的散度等于场中该处电荷的体密度。这两个表达式都表明:静电场是发散场(也称有源场,通量源为静止的电荷),电场线从正的静止电荷出发(或者无限远出发),终止于负的静止电荷(或者终止于无限远)。

### 3.1.2 静电场的本构关系

静电场中两个场矢量之间的关系为

$$\boldsymbol{D} = \varepsilon_0 \varepsilon_r \boldsymbol{E} = \varepsilon \boldsymbol{E} \tag{3-3}$$

### 3.1.3 静电场的边界条件

在两种电介质的分界面处,边界条件为

$$\begin{aligned}E_{1t} &= E_{2t} \\ D_{1n} - D_{2n} &= \rho_s\end{aligned} \tag{3-4}$$

上两式表明,两种媒质的交界面处,电场强度的切向分量是连续的;若分界面处有面电荷,电位移矢量法向分量不连续,二者差值等于电荷面密度;否则,电位移矢量法向分量连续。

在电介质与理想导体的分界面处(导体为媒质 2,介质为媒质 1),边界条件为

$$\begin{aligned}E_{1t} &= E_{2t} = 0 \\ D_{1n} &= \rho_s \quad (D_{2n} = 0)\end{aligned} \tag{3-5}$$

上两式表明,导体中电场强度和电位移矢量都为 0,导体中无电场;介质中电场强度和电位移矢量的切向分量为 0,仅有法向分量,故介质中电场强度和电位移矢量的方向垂直于分界面。

**例题 3-1** 真空中,无限长直导线上电荷线密度为 $\rho_l$(单位长度的电荷量)。试求:直导线周围的电场强度。

**解** 以直导线为轴作底面半径为 $\rho$、高为 $h$ 的圆柱面为高斯面,如图 3-1 所示。根据麦克斯韦方程组 $\oint_S \boldsymbol{D} \cdot \mathrm{d}\boldsymbol{s} = Q$,有

$$\int_{\text{上底}} \boldsymbol{D}_1 \cdot \mathrm{d}\boldsymbol{s}_1 + \int_{\text{下底}} \boldsymbol{D}_2 \cdot \mathrm{d}\boldsymbol{s}_2 + \int_{\text{侧}} \boldsymbol{D} \cdot \mathrm{d}\boldsymbol{s} = Q$$

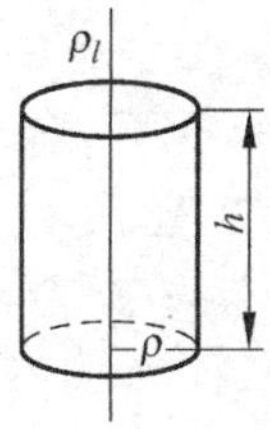

图 3-1　例题 3-1 用图

根据电荷分布特点可知，电场中电场线应垂直于直导线并沿径向分布，因而，在所作高斯面的上、下底面处，场强与面的法向处处垂直，$\cos\theta=0$，故，上式中上底面、下底面对应的积分结果都为零。同样根据电荷分布特点可知，所作高斯面的侧面处，场强大小处处相等，且方向与面法向处处平行，则上式可化简为

$$\int_{\text{侧}} D \cdot \mathrm{d}s = Q$$

即

$$D \cdot 2\pi\rho \cdot h = \rho_l \cdot h$$

可得电位移矢量的大小为

$$D = \frac{\rho_l}{2\pi\rho}$$

根据静电场中本构关系，可得电场强度大小为

$$E = \frac{\rho_l}{2\pi\varepsilon_0 \rho}$$

场强方向垂直于直导线向外，即沿柱面坐标系的径向，可用单位矢量 $\boldsymbol{e}_\rho$ 表示，即

$$\boldsymbol{E} = \frac{\rho_l}{2\pi\varepsilon_0 \rho}\boldsymbol{e}_\rho$$

**例题 3-2**　空气中有一个半径为 $a$ 的球形电子云，其中均匀分布着电荷体密度为 $\rho_v$（$\mathrm{C/m^3}$）的电荷，如图 3-2 所示。试求：(1)球内外的电位移矢量；(2)球内外的电场强度；(3)验证静电场的两个基本方程的微分形式。

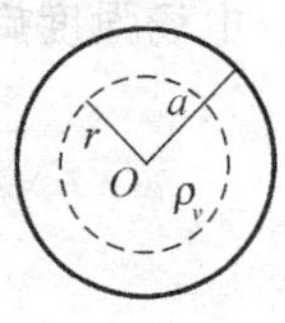

图 3-2　例题 3-2 用图

**解**　(1) 根据电荷分布具有球对称性，可分析得出电场分布也应具有球对称性，作以 $O$ 点为球心半径为 $r$ 的同心球面为高斯面，则高斯面上电位移矢量大小处处相等，电位移矢量方向处处与高斯面垂直。则根据麦克斯韦方程组中 $\oint_S \boldsymbol{D} \cdot \mathrm{d}\boldsymbol{s} = Q$，可求解电位移矢量 $\boldsymbol{D}$。

当 $r<a$ 时，$\oint_S \boldsymbol{D} \cdot \mathrm{d}\boldsymbol{s} = \rho_v \cdot \frac{4}{3}\pi r^3$

化简为

$$D \cdot 4\pi r^2 = \rho_v \cdot \frac{4}{3}\pi r^3$$

同时考虑电位移矢量方向沿球面坐标系的径向，用单位矢量 $\boldsymbol{e}_r$ 表示，则

$$\boldsymbol{D}=\frac{\rho_v r}{3}\boldsymbol{e}_r$$

同理可得，当 $r \geqslant a$ 时，

$$\oint_S \boldsymbol{D} \cdot \mathrm{d}\boldsymbol{s} = \rho_v \cdot \frac{4}{3}\pi a^3$$

$$\boldsymbol{D}=\frac{\rho_v a^3}{3r^2}\boldsymbol{e}_r$$

(2) 根据本构关系 $\boldsymbol{D}=\varepsilon \boldsymbol{E}$，可得各区域电场强度为

$$r<a \text{ 时，} \quad \boldsymbol{E}=\frac{\boldsymbol{D}}{\varepsilon_0}=\frac{\rho_v r}{3\varepsilon_0}\boldsymbol{e}_r$$

$$r \geqslant a \text{ 时，} \quad \boldsymbol{E}=\frac{\boldsymbol{D}}{\varepsilon_0}=\frac{\rho_v a^3}{3\varepsilon_0 r^2}\boldsymbol{e}_r$$

(3) 采用球面坐标系中的旋度和散度表达式

$$\nabla \times \boldsymbol{E} = \frac{1}{r^2 \sin\theta}\begin{vmatrix} \boldsymbol{e}_r & r\boldsymbol{e}_\theta & r\sin\theta \boldsymbol{e}_\varphi \\ \frac{\partial}{\partial r} & \frac{\partial}{\partial \theta} & \frac{\partial}{\partial \varphi} \\ E_r & 0 & 0 \end{vmatrix}$$

$$=\frac{1}{r\sin\theta}\frac{\partial E_r}{\partial \varphi}\boldsymbol{e}_\theta - \frac{1}{r}\frac{\partial E_r}{\partial \theta}\boldsymbol{e}_\varphi$$

$$=0$$

电场强度旋度为零，与麦克斯韦方程组中 $\nabla \times \boldsymbol{E}=0$ 吻合，得证。

$$\nabla \cdot \boldsymbol{E} = \frac{1}{r^2 \sin\theta}\left[\sin\theta \frac{\partial (r^2 E_r)}{\partial r} + r\frac{\partial (\sin\theta E_\theta)}{\partial \theta} + r\frac{\partial E_\varphi}{\partial \varphi}\right]$$

$$=\frac{1}{r^2}\frac{\partial}{\partial r}(r^2 E_r)$$

当 $r<a$ 时

$$\nabla \cdot \boldsymbol{E} = \frac{1}{r^2}\frac{\partial}{\partial r}\left(r^2 \frac{\rho_v r}{3\varepsilon_0}\right)$$

$$=\frac{1}{r^2}\frac{\rho_v \cdot 3r^2}{3\varepsilon_0}$$

$$=\frac{\rho_v}{\varepsilon_0}$$

则电位移矢量的散度为

$$\nabla \cdot \boldsymbol{D}=\rho_v$$

此结果与麦克斯韦方程组中$\nabla\cdot\boldsymbol{D}=\rho_v$一致，得证。

当 $r\geqslant a$ 时

$$\nabla\cdot\boldsymbol{E}=\frac{1}{r^2}\frac{\partial}{\partial r}\left(r^2\ \frac{\rho_v a^3}{3\varepsilon_0 r^2}\right)=0$$

电位移矢量的散度为

$$\nabla\cdot\boldsymbol{D}=0$$

在球体以外无电荷，即 $\rho_v=0$，此结果与麦克斯韦方程组中对应方程一致。

**例题 3-3**　设平板电容器二极板间的电场强度为 3V/m，板间介质是云母，$\varepsilon_r=7.4$，如图 3-3 所示。试求：两导体极板上的面电荷密度。

**解**　电容器的极板是金属材料，可看作理想导体，指定为媒质 2，板间的空间为媒质 1。板间电场矢量方向如图所示（设 B 板带正电，C 板带等量负电）。在 B 板区域，根据电场的法向边界条件 $D_{1n}=\rho_s$ 及电位移矢量方向由媒质 2 指向媒质 1，与所设交界面法向方向一致，其值为正，则有

$$\begin{aligned}\rho_{sB}&=D_{1n}=\varepsilon_1 E_{1n}\\&=7.4\times8.854\times10^{-12}\times3\\&=1.97\times10^{-10}\,(\mathrm{C/m^2})\end{aligned}$$

C 板区域，应用电场的法向边界条件 $D_{1n}=\rho_s$ 及电位移矢量方向由媒质 1 指向媒质 2，与所设交界面法向方向相反，其值为负，则有

$$\rho_{sC}=-D_{1n}=-1.97\times10^{10}\,(\mathrm{C/m^2})$$

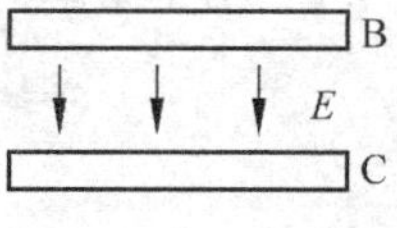


图 3-3　例题 3-3 用图

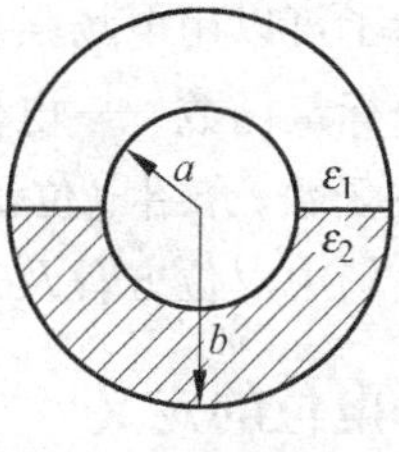


图 3-4　例题 3-4 用图

**例题 3-4**　如图 3-4 所示，同心球电容器的内导体半径为 $a$，外导体的内半径为 $b$，内外导体之间填充两种各向同性的均匀介质，上半部分介质的介电常数为 $\varepsilon_1$，下半部分介质的介电常数为 $\varepsilon_2$。设内外导体分别带电 $Q$ 和 $-Q$。试求：内外导体之间每种媒质中的电场强度和电位移矢量。

**解**　根据静电平衡状态下导体的特点可知，电荷分布于两个导体球面上，每个导体球面都为等势面，故内外导体之间的场强方向沿径向。两种介质的交界面也是沿半径方向，根据电场切向边界条件（电场强度的切向分量连续），可得两

种介质中的场强关系为

$$\boldsymbol{E}_1=\boldsymbol{E}_2=E\boldsymbol{e}_r$$

在内外导体之间作同心的半径为 $r$ 的球面为高斯面，根据电场高斯定理 $\oint_S \boldsymbol{D}\cdot \mathrm{d}\boldsymbol{s}=Q$，有

$$\begin{aligned}\oint_S \boldsymbol{D}\cdot \mathrm{d}\boldsymbol{s} &= \int_{S1}\varepsilon_1\boldsymbol{E}_1\cdot \mathrm{d}\boldsymbol{s}+\int_{S2}\varepsilon_2\boldsymbol{E}_2\cdot \mathrm{d}\boldsymbol{s}\\ &= 2\pi\varepsilon_1 r^2 E+2\pi\varepsilon_2 r^2 E\\ &= 2\pi(\varepsilon_1+\varepsilon_2)r^2 E\\ &= Q\end{aligned}$$

解方程可得内外导体之间场强为

$$\boldsymbol{E}=\frac{Q}{2\pi(\varepsilon_1+\varepsilon_2)r^2}\boldsymbol{e}_r$$

根据电场本构关系 $\boldsymbol{D}=\varepsilon\boldsymbol{E}$，可得两种介质中电位移矢量分别为

$$\boldsymbol{D}_1=\frac{\varepsilon_1 Q}{2\pi(\varepsilon_1+\varepsilon_2)r^2}\boldsymbol{e}_r$$

$$\boldsymbol{D}_2=\frac{\varepsilon_2 Q}{2\pi(\varepsilon_1+\varepsilon_2)r^2}\boldsymbol{e}_r$$

## 3.2 静电场的位函数及电位方程

静电场除了可以用电场强度、电位移矢量这两个矢量函数进行描述之外，还可以引入一个标量函数——电位来描述。本节首先从静电场是无旋场这一性质出发引入电位函数，介绍电位函数及电位差的定义，然后讨论电位的求解方法，最后介绍静电场中电位方程及意义。

### 3.2.1 电位的定义

由于静电场是无旋场（与重力场类似，也称为保守力场），因此可以引入一个与位置相关的标量函数来描述静电场。由静电场的基本方程 $\nabla\times\boldsymbol{E}=0$ 和矢量恒等式 $\nabla\times\nabla u=0$ 可知，电场强度矢量 $\boldsymbol{E}$ 可以表示为标量 $\phi$ 的梯度，即

$$\boldsymbol{E}=-\nabla\phi \tag{3-6}$$

式中，标量函数 $\phi$ 即称为静电场中的电位函数，简称**电位**；式中的负号不是矢量恒等式要求的，而是由于电位梯度指向电位增加最快的方向，而电场强度的方向指向电位下降最快的方向，因而电场强度的方向与电位梯度的方向相反。

由式(3-6)可知，电位函数不是单值函数（因为对于常数 $C$，有 $\nabla(\phi+C)=\nabla\phi$），

因而静电场中的电位是一个相对值，是相对于电位零点而言的。电位零点的选择一般有以下基本原则：

(1) 同一个问题中只能选择一个电位零点；

(2) 应尽可能使电位的表达式简单。当电荷分布在有限区域内时，通常选择无穷远处为电位零点；当电荷分布延伸至无穷远时，则不能选无穷远为电位零点，此时要选择在一个有限远处为电位零点，具体选择哪里以电位表达式简单为据。

### 3.2.2 电位差

将式 $\boldsymbol{E}=-\nabla\phi$ 两侧点乘 $\mathrm{d}\boldsymbol{l}$，则有

$$\boldsymbol{E}\cdot\mathrm{d}\boldsymbol{l}=-\nabla\phi\cdot\mathrm{d}\boldsymbol{l}=-\frac{\partial\phi}{\partial l}\cdot\mathrm{d}l=-\mathrm{d}\phi$$

在电场中，将上式两端从 $A$ 点到 $B$ 点沿任意路径进行积分，则得到 $A$、$B$ 两点间的电位差为

$$U_{AB}=\phi_A-\phi_B=\int_B^A\mathrm{d}\phi=\int_A^B-\mathrm{d}\phi=\int_A^B\boldsymbol{E}\cdot\mathrm{d}\boldsymbol{l} \tag{3-7}$$

若选择无穷远为电位零点，设 $B$ 点为无穷远，即上式中 $\phi_B=0$，可得场中任意一点 $A$ 处的电位为

$$\phi_A=\phi_A-\phi_\infty=\int_A^\infty\boldsymbol{E}\cdot\mathrm{d}\boldsymbol{l} \tag{3-8}$$

式(3-8)表明，电场中某点的电位值等于从该点到无穷远场强沿任意路径的线积分。

### 3.2.3 电位的求解

根据式(3-8)，可得点电荷电场中电位(以无穷远为电位零点)的表达式为

$$\phi=\int_P^\infty\boldsymbol{E}\cdot\mathrm{d}\boldsymbol{l}=\int_r^\infty\frac{Q}{4\pi\varepsilon_0 r^2}\cdot\mathrm{d}r=\frac{Q}{4\pi\varepsilon_0 r} \tag{3-9}$$

点电荷系电场的电位应用叠加原理可得

$$\phi=\sum_{i=1}^N\phi_i=\sum_{i=1}^N\frac{Q_i}{4\pi\varepsilon_0 r_i} \tag{3-10}$$

对于电荷连续分布的带电体，应用积分运算，可得电位表达式为

$$\phi=\int_V\mathrm{d}\phi=\int_V\frac{\rho_V}{4\pi\varepsilon_0 r}\mathrm{d}v \tag{3-11}$$

### 3.2.4 电位方程

在线性、各向同性的均匀媒质中，$\varepsilon$ 是一个常数。将 $\boldsymbol{D}=\varepsilon\boldsymbol{E}$ 代入式$\nabla\cdot\boldsymbol{D}=\rho_v$，可得

$$\nabla\cdot\boldsymbol{D}=\nabla\cdot(\varepsilon\boldsymbol{E})=\varepsilon\nabla\cdot\boldsymbol{E}=\varepsilon\nabla\cdot(-\nabla\phi)=\rho_v$$

整理可得

$$\nabla^2\phi=-\frac{\rho_v}{\varepsilon} \tag{3-12}$$

式(3-12)称为静电场中的**泊松方程**。若空间内无自由电荷分布，即 $\rho_v=0$，则泊松方程转化为**拉普拉斯方程**

$$\nabla^2\phi=0 \tag{3-13}$$

式(3-12)和式(3-13)称为**静电场中的电位方程**。

根据上述方程，结合给定的边界条件可求得特定问题的特解，从而求得电场强度。而且由于电位是标量，求解标量方程相对容易，因此，很多静电场问题都是通过先求电位再求电场强度，进而探讨电场分布情况的。

**例题 3-5** 一根细长导线将两个半径分别为 $a$ 和 $b$ 的导体球连接起来，如图 3-5 所示，两球带电量总和为 $Q$。试求：每个球的带电量及其表面的电场强度。

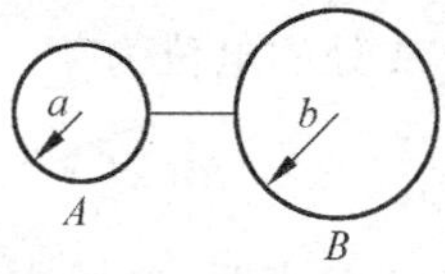

图 3-5 例题 3-5 用图

**解** 假定两导体球 $A$、$B$ 相距很远，则两球上的电荷仍为均匀分布，设两球带电分别为 $Q_A$ 和 $Q_B$。均匀带电的球形导体外电场电位移矢量沿径向方向，且到球心等距离的点电位移矢量大小相等，作同心的半径为 $r$ 的球面为高斯面，根据电场高斯定理$\oint_S\boldsymbol{D}\cdot\mathrm{d}\boldsymbol{s}=Q$及电场本构关系 $\boldsymbol{D}=\varepsilon\boldsymbol{E}$，得球外离球心距离 $r$ 处的电场强度为

$$\boldsymbol{E}=\frac{Q}{4\pi\varepsilon r^2}\boldsymbol{e}_r$$

代入对应电荷量，可得两个球体附近场强的表达式分别为

$$\boldsymbol{E}_A=\frac{Q_A}{4\pi\varepsilon r^2}\boldsymbol{e}_{rA}$$

$$\boldsymbol{E}_B=\frac{Q_B}{4\pi\varepsilon r^2}\boldsymbol{e}_{rB}$$

取无穷远处为电位参考点。根据电位与场强的关系 $\phi_P=\int_P^{\infty}\boldsymbol{E}\cdot\mathrm{d}\boldsymbol{l}$，代入对应的场强表达式，可得两个带电球体的电位分别为

$$\phi_A = \int_A^\infty \boldsymbol{E}_A \cdot \mathrm{d}\boldsymbol{l} = \int_a^\infty \frac{Q_A}{4\pi\varepsilon r^2}\boldsymbol{e}_{rA} \cdot \mathrm{d}\boldsymbol{r} = \frac{Q_A}{4\pi\varepsilon a}$$

$$\phi_B = \int_B^\infty \boldsymbol{E}_B \cdot \mathrm{d}\boldsymbol{l} = \int_b^\infty \frac{Q_B}{4\pi\varepsilon r^2}\boldsymbol{e}_{rB} \cdot \mathrm{d}\boldsymbol{r} = \frac{Q_B}{4\pi\varepsilon b}$$

两球用导线相连，则电位相等，即

$$\frac{Q_A}{4\pi\varepsilon a} = \frac{Q_B}{4\pi\varepsilon b}$$

把此式结合 $Q=Q_A+Q_B$，便可求得

$$Q_A = \frac{a}{a+b}Q \quad Q_B = \frac{b}{a+b}Q$$

把上面结果代回场强表达式，可得 $A$、$B$ 球表面处的电场强度分别为

$$\boldsymbol{E}_A = \frac{Q}{4\pi\varepsilon(a+b)a}\boldsymbol{e}_{rA}$$

$$\boldsymbol{E}_B = \frac{Q}{4\pi\varepsilon(a+b)b}\boldsymbol{e}_{rB}$$

此例中，若 $a \gg b$，则 $E_A \ll E_B$。此结果表明，若导电物体上包含有小的尖点，则这些尖点处的电场将远大于其他平滑部分。这便是在建筑物上安装避雷针的原理。

**例题 3-6**　空气中有一个半径为 $a$ 的球型电子云，其中均匀分布着电荷体密度为 $\rho_v = -\rho_0$ ($\mathrm{C/m^3}$) 的电荷。试求：(1)球内外的电位分布；(2)验证静电场的电位方程。

**解**　(1) 根据例题 3-2 结果，可知空间场强的分布情况为

$$r<a \text{ 时，} \quad \boldsymbol{E} = \frac{\boldsymbol{D}}{\varepsilon_0} = \frac{\rho_v r}{3\varepsilon_0}\boldsymbol{e}_r$$

$$r \geqslant a \text{ 时，} \quad \boldsymbol{E} = \frac{\boldsymbol{D}}{\varepsilon_0} = \frac{\rho_v a^3}{3\varepsilon_0 r^2}\boldsymbol{e}_r$$

取 $r\to\infty$ 处为电位零点，根据电位的计算式 $\phi_P = \int_P^\infty \boldsymbol{E} \cdot \mathrm{d}\boldsymbol{l}$，有

$$\text{当 } r<a \text{ 时，} \quad \phi = \int_r^\infty E\,\mathrm{d}r = \int_r^a \frac{-\rho_0 r}{3\varepsilon_0}\mathrm{d}r + \int_a^\infty \frac{-\rho_0 a^3}{3\varepsilon_0 r^2}\mathrm{d}r = \frac{\rho_0 r^2}{6\varepsilon_0} - \frac{\rho_0 a^2}{2\varepsilon_0}$$

$$\text{当 } r\geqslant a \text{ 时，} \quad \phi = \int_r^\infty E\,\mathrm{d}r = \int_r^\infty \frac{-\rho_0 a^3}{3\varepsilon_0 r^2}\mathrm{d}r = -\frac{\rho_0 a^3}{3\varepsilon_0 r}$$

(2) 采用球坐标拉普拉斯方程，把以上结果代入，同时考虑 $\phi$ 只是 $r$ 的函数，则有

$$\text{当 } r<a \text{ 时，} \quad \nabla^2\phi = \frac{1}{r}\frac{\partial}{\partial r}\left(r^2\frac{\partial\varphi}{\partial r}\right) = \frac{1}{r}\frac{\partial}{\partial r}\left(r^2 \cdot 2\,\frac{-\rho_v r}{6\varepsilon_0}\right) = \frac{-\rho_v}{\varepsilon_0}$$

$$\text{当 } r>a \text{ 时，} \quad \nabla^2\phi = \frac{1}{r}\frac{\partial}{\partial r}\left(r^2 \cdot \frac{-\rho_0 a^3}{3\varepsilon_0 r^2}\right) = 0$$

显然结果都与电位方程相符,命题得证。

**例题 3-7** 如图 3-6(a)所示,球形导体半径为 $a$,带电量为 $Q$,球上、下半空间媒质介电常数分别为 $\varepsilon_1$ 和 $\varepsilon_2$。试求:(1)电场强度 $\boldsymbol{E}$ 和电位函数 $\phi$;(2)若再外加一半径为 $b$ 的同心球罩($b>a$),如图 3-6(b)所示,外球罩带与内球等量异号电荷,则两球面之间 $\phi$ 和 $\boldsymbol{E}$ 又如何?

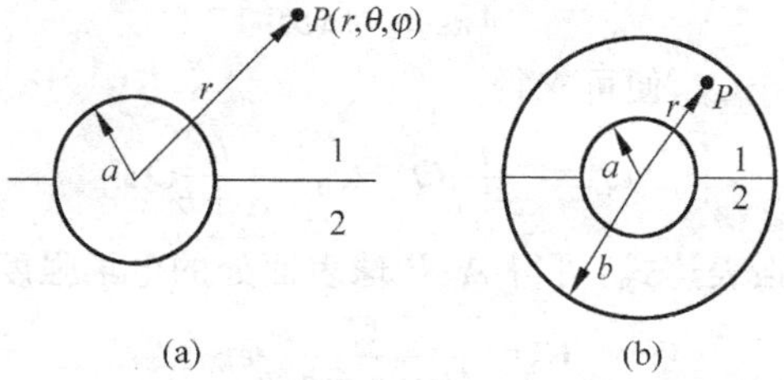


图 3-6 例题 3-7 用图

**解** (1) 取以球心为球心,半径为 $r$ 的同心球面为高斯面。根据边界条件,场强在边界处切向连续可知,两介质交界面处各点 $\boldsymbol{E}$ 大小相同。由高斯定理得

$$\oint_S \boldsymbol{D}\cdot \mathrm{d}\boldsymbol{s} = \varepsilon_1 E\cdot 2\pi r^2 + \varepsilon_2 E\cdot 2\pi r^2 = Q$$

解方程可得

$$\boldsymbol{E}=\frac{Q}{2\pi r^2(\varepsilon_1+\varepsilon_2)}\boldsymbol{e}_r$$

代入电位求解公式,可得

$$\phi=\int_r^{\infty}\boldsymbol{E}\cdot \mathrm{d}\boldsymbol{r}=\int_r^{\infty}\frac{Q}{2\pi r^2(\varepsilon_1+\varepsilon_2)}\mathrm{d}r=\frac{Q}{2\pi r(\varepsilon_1+\varepsilon_2)}$$

(2) 加入外球面之后,内球面电荷量不会改变,因而两同心球面之间区域,采用与上问相同方法,可得场强的表达式为

$$\boldsymbol{E}=\frac{Q}{2\pi r^2(\varepsilon_1+\varepsilon_2)}\boldsymbol{e}_r$$

由于两球面带等量异号电荷,在外球面之外作同心的球面为高斯面时,高斯面内包围的电荷代数和为零,故在外球面之外的区域场强为零。根据电位的计算式,可得两球面之间的电位为

$$\begin{aligned}\phi&=\int_r^{\infty}\boldsymbol{E}\cdot \mathrm{d}\boldsymbol{r}=\int_r^{b}\boldsymbol{E}\cdot \mathrm{d}\boldsymbol{r}+\int_b^{\infty}0\cdot \mathrm{d}\boldsymbol{r}\\&=\frac{Q}{2\pi(\varepsilon_1+\varepsilon_2)}\int_r^{b}\frac{1}{r^2}\mathrm{d}r\\&=\frac{Q}{2\pi(\varepsilon_1+\varepsilon_2)}\left(\frac{1}{r}-\frac{1}{b}\right)\end{aligned}$$

# 3.3 静电场中的导体与电容

本节我们首先从静电场中导体的特点出发研究孤立导体的电容、电容器的电容的定义及意义，然后探讨电容的一般求解方法，最后研究电容器中电场能量以及静电场的能量问题。

## 3.3.1 静电场中的导体

导体的内部含有大量的可以自由移动的电子，因而放入静电场中的导体在静电场的作用下将发生静电感应现象，进而达到静电平衡状态。处于静电平衡状态的导体，其内部及表面的电场和电荷的分布具有以下特征：

(1) 导体内部场强处处为零，导体表面场强垂直于导体表面；

(2) 导体是等位体，导体表面是等位面，且导体内部及表面电位相等；

(3) 实心导体及内部有空腔但空腔内无电荷的导体，无论是导体上原有的电荷，还是感应产生的电荷，将全部分布于导体的外表面，其内部无电荷；若导体内部有空腔且空腔内有电荷，则导体内壁上带有与腔内电荷等量异号的电荷，其余电荷分布于导体外表面，导体内部无电荷。

## 3.3.2 孤立导体的电容

设一个孤立导体带电量为 $Q$，对应的电位为 $\phi$。若将导体上的电荷总量增加至 $k$ 倍，则导体上电荷的密度也将增加至原来的 $k$ 倍，由式(3-9)可知，导体的电位也将增加至原来的 $k$ 倍。可见，孤立导体的电位与它所带的电量成正比。我们定义孤立导体所带电量 $Q$ 与它的电位 $\phi$ 的比值为孤立导体的电容，电容用字母 $C$ 表示，则有

$$C=\frac{Q}{\phi} \tag{3-14}$$

在国际单位制中，电容的单位为 F(法拉)，法拉是一个比较大的单位，实际工作中常用的单位为微法($1\text{F}=10^6\,\mu\text{F}$)、皮法($1\text{F}=10^{12}\,\text{pF}$)。

**例题 3-8** 试求孤立导体球的电容。设导体球的半径为 $R$。

**解** 设导体球带电为 $Q$，以无穷远为电位零点，则导体球的电位为

$$\phi=\int_R^{\infty}\boldsymbol{E}\cdot\mathrm{d}\boldsymbol{l}=\int_R^{\infty}\frac{Q}{4\pi\varepsilon_0 r^2}\cdot\mathrm{d}r=\frac{Q}{4\pi\varepsilon_0 R}$$

根据孤立导体电容的定义 $C=\dfrac{Q}{\phi}$，可得孤立导体球的电容为

$$C=\frac{Q}{\phi}=4\pi\varepsilon_0 R$$

虽然电容的定义式中含有电荷、电位这两个物理量，但从具体的导体球的电容值可看出，导体的电容值仅与导体的形状、大小等因素有关，而与导体是否带电、电位如何无关。

### 3.3.3　电容器的电容

孤立导体在实际中是很难找到的，导体总是要与周围的其他导体有着一定的联系，前面介绍的导体球实质上也不孤立，因为它的电位是以大地为零电位定义的。另外，为了不让外场影响带电体，我们经常用静电屏蔽的原理把带电体包围起来，这时，导体和外壳就组成了一个系统，导体的电位不仅与自身的因素有关，还与外壳等其他导体的情况有关，我们把导体和外壳所组构成的一对导体系统称为**电容器**，导体和导体外壳称为**电容器的极板**。我们定义**电容器的电容**为电容器任一极板上的电荷量与两极板之间的电位差的比值，即

$$C=\frac{Q}{U_{AB}} \tag{3-15}$$

式中，$Q$ 为电容器一个极板上带电量的绝对值；$U_{AB}$ 表示两个极板间电位差的绝对值。

### 3.3.4　电容计算

计算电容器电容的一般步骤是：

(1) 假设两极板上分别带有电荷 $Q$ 和 $-Q$；

(2) 计算两极板间的电位差 $U_{AB}$；

(3) 根据电容器电容的定义式 $C=\dfrac{Q}{U_{AB}}$，求解电容。

**例题 3-9**　如图 3-7 所示，平行双导线传输线，导线的半径为 $a$，两导线的轴线相距为 $D$，且 $D\gg a$。试求：传输线单位长度的电容。

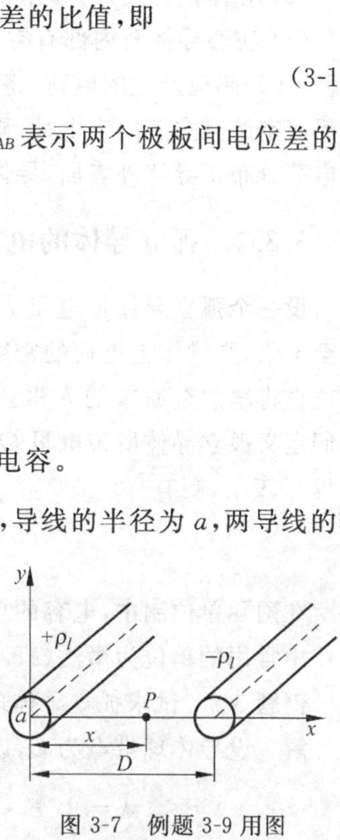

图 3-7　例题 3-9 用图

**解**　设两导线单位长度带电量分别为 $+\rho_l$ 和 $-\rho_l$。由于 $D\gg a$，在计算导线外电场时，可近似地认为电荷是均匀分布在导体轴线上。应用例题 3-1 的结果可知，两导线间的平面上任一点 $P$ 处的电场强度为

$$\boldsymbol{E}=\frac{\rho_l}{2\pi\varepsilon_0}\left(\frac{1}{x}+\frac{1}{D-x}\right)\boldsymbol{i}$$

两导线间的电位差为

$$\begin{aligned}U&=\int_a^{D-a}\boldsymbol{E}\cdot \mathrm{d}\boldsymbol{l}\\&=\int_a^{D-a}\frac{\rho_l}{2\pi\varepsilon_0}\left(\frac{1}{x}+\frac{1}{D-x}\right)\mathrm{d}x\\&=\frac{\rho_l}{2\pi\varepsilon_0}[\ln x-\ln(D-x)]_a^{D-a}\\&=\frac{\rho_l}{\pi\varepsilon_0}\ln\frac{D-a}{a}\end{aligned}$$

于是得到平行双导线传输线单位长度的电容为

$$C=\frac{Q}{U}=\frac{\rho_l}{\frac{\rho_l}{\pi\varepsilon_0}\ln\frac{D-a}{a}}\approx\frac{\pi\varepsilon_0}{\ln\frac{D}{a}}$$

若上式中 $D=1\mathrm{m}$，$a=2\mathrm{mm}$，平行双导线传输线单位长度的电容值则为 $C=4.47\mathrm{pF}$。可见，双导线间的电容值也是不容忽视的，是在电气施工及电磁信号传输设计中必须考虑的因素。

## *3.3.5　部分电容

在工程应用中，经常遇到由三个或者更多的导体组成的多导体系统。例如，在计算架在空中的平行双导线传输线的电容时，需要考虑大地也是一个良导体，实际系统中有三个导体，如图 3-8(a)所示。在多导体系统中，任何两个导体间的电位差都要受到其余导体上的电荷的影响，因此，计算两导体系统的电容时要考虑其余导体作用，为此，需要引入部分电容的概念。所谓**部分电容**，是指多导体系统中，一个导体在其余导体的影响下，与另一个导体构成的电容。

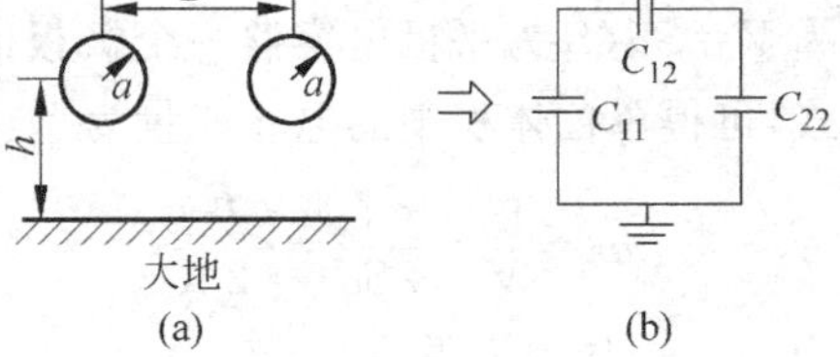


图 3-8　平行双导线传输线的部分电容

由 $N+1$ 个导体构成的系统共有 $\frac{N(N+1)}{2}$ 个部分电容，这些部分电容形成一个电容网络。例如前面平行双线传输线电容问题，涉及三个部分电容 $C_{11}$，$C_{22}$，$C_{12}$，如图 3-8(b)所示。

由上面分析可知，如果问题中涉及的导体多于两个，则对应的部分电容会更多。多导体系统部分电容的计算方法比较复杂，因而实际工作中，多数是通过实验测量其值。仍以平行双线传输线为例，导线 1、2 间的等效电容为部分电容 $C_{11}$，$C_{22}$ 串联后再与 $C_{12}$ 并联的结果，即导线 1、2 间的等效电容为

$$C_1=C_{12}+\frac{C_{11}C_{22}}{C_{11}+C_{22}}$$

用同样的方法，我们可以计算出导线 1 和大地间的等效电容为

$$C_2=C_{11}+\frac{C_{12}C_{22}}{C_{12}+C_{22}}$$

导线 2 与大地间的等效电容为

$$C_3=C_{22}+\frac{C_{11}C_{12}}{C_{11}+C_{12}}$$

通过实验测得 $C_1$、$C_2$ 和 $C_3$，就可以计算出每个部分电容 $C_{11}$，$C_{22}$，$C_{12}$ 的值。

## 3.4 电场中的能量

电场最基本的性质是对放入其中的电荷有力的作用，而如果电荷在电场力的作用下发生移动，电场则对电荷做功，这表明电场具有能量。电场的能量来自于电场建立过程中外界做功提供的能量。

我们首先从平行板电容器能量公式出发给出静电场能量体密度的定义，并把它推广到任意电场中，然后介绍任意电场能量的计算公式及计算方法。

平行板电容器中储存的静电能量等于充电过程中电源力做的功，其能量公式为

$$W=\frac{1}{2}QU$$

平行板电容器的体积为 $V=Sd$($S$ 为平板电容器一个极板的面积，$d$ 为两个极板之间的距离)，结合上式，可得单位体积中的电场能量为

$$w_e=\frac{W}{V}=\frac{QU}{2Sd}=\frac{\rho_s E}{2}$$

式中，$\rho_s=D_{1n}-D_{2n}=D_{1n}=\varepsilon E$，代入可得

$$w_e=\frac{1}{2}\varepsilon E^2 \tag{3-16}$$

式(3-16)中,$w_e$ 表示的是电场单位体积中的能量,称为**电场能量密度**,它的单位为 J/m$^3$(焦耳每立方米)。根据电位移矢量大小 $D=\varepsilon E$,并代入上式,可得电场能量密度的另一种形式

$$w_e=\frac{1}{2}DE=\frac{1}{2}\boldsymbol{D}\cdot\boldsymbol{E} \tag{3-17}$$

式(3-16)和式(3-17)都是电场能量密度的计算式,其中式(3-16)仅在各向同性的静电场中适用,而式(3-17)是计算电场能量密度的普遍公式,不论电场均匀与否,也不论电场是静电场还是变化电场,都适用。对于任意电场计算其能量时,可以先根据式(3-17)计算电场能量密度,然后再在整个电场中对电场能量密度积分,即

$$W_e=\int_V w_e \mathrm{d}v=\frac{1}{2}\int_V DE\mathrm{d}v \tag{3-18}$$

**例题 3-10**　半径为 $a$ 的球形空间均匀分布着电荷体密度为 $\rho$ 的电荷。试求电场能量。

**解**　由例题 3-2 结果可知球体内外场强分别为

$$\boldsymbol{E}=\begin{cases}\dfrac{\rho r}{3\varepsilon_0}\boldsymbol{e}_r & r<a\\[2ex] \dfrac{\rho a^3}{3\varepsilon r^2}\boldsymbol{e}_r & r\geqslant a\end{cases}$$

选取同心的半径为 $r$,厚度为 $\mathrm{d}r$ 薄球壳为体积元,体积元的体积为 $\mathrm{d}v=4\pi r^2\mathrm{d}r$,则空间的电场能量为

$$\begin{aligned}\boldsymbol{W}&=\int_V w_e\mathrm{d}v\\&=\int_0^a\frac{1}{2}\varepsilon_0E_2^2\mathrm{d}v+\int_a^\infty\frac{1}{2}\varepsilon_0E_2^2\mathrm{d}v\\&=\int_0^a\frac{1}{2}\varepsilon_0\left(\frac{\rho r}{3\varepsilon_0}\right)^2\cdot4\pi r^2\mathrm{d}r+\int_a^\infty\frac{1}{2}\varepsilon_0\left(\frac{\rho a^3}{3\varepsilon_0 r^2}\right)^2\cdot4\pi r^2\mathrm{d}r\\&=\frac{4\pi\rho^2a^5}{15\varepsilon_0}\end{aligned}$$

## 3.5　唯一性定理　镜像法

静态场问题通常分为两种类型：分布型问题和边值问题。已知场源分布，求解场矢量或者位函数,称为分布型问题。求解这类问题的主要方法是根据麦

克斯韦方程组及边界条件中相关方程进行求解，前面我们求解的问题基本都是属于这种类型；已知场量在场域边界上的值，求解场矢量或者位函数，则属于边值问题。求解这类问题的方法很多，如镜像法、分离变量法、复变函数法等。

本节首先介绍镜像法求解这类问题的理论依据，然后再介绍镜像法求解问题的基本步骤和方法。

### 3.5.1 唯一性定理

**唯一性定理**可叙述为：对于任一静态场，在边界条件给定后，空间各处的场也就唯一地确定了，或者说这时泊松方程（或拉普拉斯方程）的解是唯一的（证明从略）。

唯一性定理具有非常重要的意义，它为静态场边值问题的各种求解方法提供了理论依据，为求解结果的正确性提供了判据。根据唯一性定理，在求解边值问题时，无论采用什么方法，只要求出的位函数既满足相应的泊松方程（或拉普拉斯方程），又满足给定的边界条件，则此函数就是所求出的唯一正确的解。

### 3.5.2 镜像法

镜像法是依据唯一性定理而寻找到的一种求解边值问题的常用方法。

在静电场中，如果电荷（称为原电荷）附近存在其他导体，根据静电感应现象可知，导体表面会出现感应电荷。这时，导体外部空间的总电场就等于原电荷产生的电场与感应电荷产生的电场的叠加。一般情况下，直接求解这类的场是困难的，因为导体表面上的感应电荷也是未知量，而且，感应电荷在导体表面的分布也随外场的情况而变化。如果原电荷是点电荷、线电荷，导体的形状也非常简单，如平面、球形等，我们可以利用镜像法来求解这类问题。

镜像法的基本思路是：在所研究的场域以外的某些适当的位置，用一些假想的电荷（称为**镜像电荷**）等效代替导体表面的感应电荷，把边界上的原电荷和感应电荷共同产生电场的问题转换成为均匀无界空间的原电荷和镜像电荷产生电场的问题来求解，问题求解的难度得到明显的降低。根据唯一性定理，只要假想的电荷与原电荷产生的电场满足原问题给定的边界条件，所得结果就是原问题的解。

应用镜像法求解的关键在于如何确定镜像电荷。根据唯一性定理，镜像电荷确定遵循以下两条原则：

(1) 所有镜像电荷必须位于所求的场域以外的空间中；

(2) 镜像电荷的个数、位置及电荷量的大小以满足场域边界面上的边界条件确定。

下面以点电荷附近存在接地导体平面、导体劈尖两种情况为例，介绍镜像法求解场问题的基本方法。

**例题 3-11**　如图 3-9(a)所示，无限大接地导体平面上高 $h$ 处有一点电荷 $q$，媒质介电常数 $\varepsilon$。试求：电荷所在区域空间中 $P$ 点的电位。

**分析**　在点电荷 $q$ 的电场作用下，导体平面上会感应出负的面电荷。电场线从正的点电荷 $q$ 出发，终止于导体表面的感应负电荷，这种电场线分布与电偶极子的上半空间电场线分布相同，因此，我们设想，能否以电偶极子的另一个电荷 $q'=-q$ 为镜像电荷来代替导体边界上的电荷，来求解上半空间的电场。

如果镜像电荷与原电荷产生的场在边界上满足边界条件，则这种假想所得到的结果就是场的解，这种设想就是合理的。

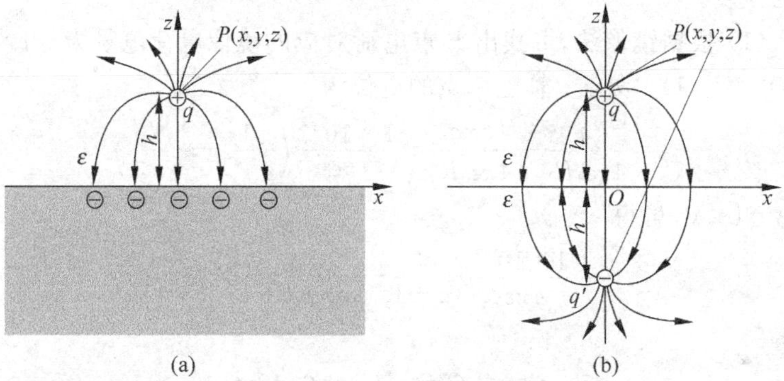


图 3-9　例题 3-11 用图

**解**　如图 3-9(b)所示，假想在导体里面与原电荷 $q$ 关于导体平面对称处有一镜像电荷 $q'$，镜像电荷与原电荷等量异号，即 $q'=-q$，空间电场为原电荷 $q$ 与镜像电荷 $q'$ 共同产生。则在导体上面的空间任意场点 $P$ 处电位可表示为

$$\phi=\frac{q}{4\pi\varepsilon R}+\frac{q'}{4\pi\varepsilon R'}=\frac{q}{4\pi\varepsilon}\left(\frac{1}{R}-\frac{1}{R'}\right)$$

式中 $R$、$R'$ 分别表示 $q$、$q'$ 到场点 $P$ 的距离。建立如图 3-9(b)所示的坐标，设 $P$ 点坐标为$(x,y,z)$，则 $R$、$R'$ 分别等于

$$R=\sqrt{x^2+y^2+(z-h)^2}$$

$$R'=\sqrt{x^2+y^2+(z+h)^2}$$

求得电位之后，根据 $E=-\nabla\phi$，可求得原电荷所在区域的场强表达式。

对于此题结果的正确性可简单验证如下：

(1) 对于两种介质的边界面 $z=0$ 平面，原电荷和镜像电荷到边界面等距离，即 $R=R'$，代入此例题结果中，有

$$\phi=\frac{q}{4\pi\varepsilon}\left(\frac{1}{R}-\frac{1}{R'}\right)=0$$

显然，这个结果与接地导体电位为零这样的边界条件相一致，即由镜像法得到的结果是满足原来题目的边界条件的。

(2) 镜像电荷位于下半空间，并未改变上半空间的电荷分布，因而，上半空间的电位表达式仍能满足原有的原电荷所在处的泊松方程和原电荷所在的上半空间的拉普拉斯方程。

根据唯一性定理，此例题结果即应为上半空间电位的唯一正确的解。

**例题 3-12** 空中，电量为 $1\times10^{-6}$C 的点电荷位于 $P(0,0,1)$点，$xOy$ 平面是一个无限大的接地导体板。试求：(1)$z$ 轴上电位为 $10^4$V 的点的坐标；(2)该点的电场强度。

**解** (1) 根据镜像法，可找出 $P$ 点电荷对应的镜像电荷电量为 $-1\times10^{-6}$C，位于 $P'(0,0,-1)$ 处。$z$ 轴上一点的电位为

$$\phi=\frac{q}{4\pi\varepsilon_0 R_1}+\frac{-q}{4\pi\varepsilon_0 R_2}=\frac{1\times10^{-6}}{4\pi\varepsilon_0}\left(\frac{1}{z-1}-\frac{1}{z+1}\right)$$

由已知 $\phi=10^4$V，可得

$$\frac{1\times10^{-6}}{4\pi\varepsilon_0}\left(\frac{1}{z-1}-\frac{1}{z+1}\right)=10^4$$

解方程得

$$z_1=1.67\text{m},\quad z_2=0.45\text{m}$$

即 $z$ 轴上电位为 $10^4$V 的两点分别位于 $z_1=1.67$m，$z_2=0.45$m 处。

(2) 当 $z>1$ 时，$z$ 轴上的电场强度大小为

$$E_1=\frac{10^{-6}}{4\pi\varepsilon_0}\left[\frac{1}{(z-1)^2}-\frac{1}{(z+1)^2}\right]$$

将 $z_1=1.67$ 代入，有 $E_1=1.88\times10^4$V/m，方向 $z$ 轴正向。

当 $z<1$ 时，$z$ 轴上的电场强度的大小为

$$E_2=\frac{10^{-6}}{4\pi\varepsilon_0}\left[\frac{1}{(z-1)^2}+\frac{1}{(z+1)^2}\right]$$

将 $z_2=0.45$ 代入，有 $E_2=3.41\times10^4$V/m，方向沿 $z$ 轴负向。

点电荷对无限大接地导体平面的镜像，可推广应用到点电荷与相交的两块半无限大导体平面的情况。

**例题 3-13** 如图 3-10 所示，两个相互垂直的接地半无限大平面 $B$ 和 $C$ 在 $O$ 处相交，点电荷 $q$ 到两个平面的距离分别为 $a$ 和 $b$。试求：电荷所在区域一点 $P(x,y)$处的电位。

**分析** 用镜像法来求解这类问题时，设想把两导体板抽出，在第二象限内的

位置“2”(点电荷 $q$ 关于导体平面 $OB$ 的对称点)处放置一个镜像电荷 $-q$,这将使导体平面 $OB$ 的电位为零,满足 $OB$ 平面的边界条件。类似的,在第四象限内的位置“4”(点电荷 $q$ 关于导体平面 $OC$ 的对称点)处放置一个镜像电荷 $-q$,这将使导体平面 $OC$ 的电位为零,满足 $OC$ 平面的边界条件。但此时,由于位置“4”处镜像电荷的存在,导体平面 $OB$ 电位不再是零,为了仍然使导体平面 $OB$ 满足边界条件,在第三象限的位置“3”(恰好是位置“2”和位置“4”处两个电荷关于平面 $OC$、$OB$ 的对称点)处放置一个镜像电荷 $q$。综合以上,一个原电荷和三个镜像电荷共同产生的电场使得导体平面 $OB$、$OC$ 电位都为零,满足边界条件。

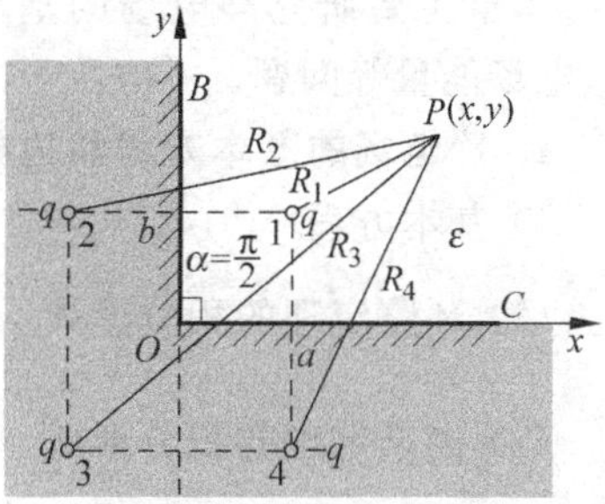


图 3-10　例题 3-13 用图

**解**　如图 3-10 所示,确定点电荷 $q$ 关于两个平面的镜像分别为位置“2”处 $-q$;位置“3”处 $q$;位置“4”处 $-q$;

$P(x,y)$处的电位为四个电荷共同产生。根据叠加原理,有

$$\phi=\frac{q}{4\pi\varepsilon}\left(\frac{1}{R_1}-\frac{1}{R_2}+\frac{1}{R_3}-\frac{1}{R_4}\right)$$

式中

$$R_1=\sqrt{(x-a)^2+(y-b)^2}$$

$$R_2=\sqrt{(x+a)^2+(y-b)^2}$$

$$R_3=\sqrt{(x+a)^2+(y+b)^2}$$

$$R_4=\sqrt{(x-a)^2+(y+b)^2}$$

此例中,两导体平面之间夹角为 $\pi/2$,我们找到的镜像电荷是 3 个($2\times2-1=3$),此结果可以推广到劈尖角为其他值的情况。如果两导体平面之间劈尖角为 $\pi/n$,则共有 $N=2n-1$ 个镜像电荷,场可以看成是 $N$ 个电荷共同产生。例如,劈尖角为 $\pi/3$,则镜像电荷应为 5 个,劈尖角为 $\pi/4$,镜像电荷应为 7 个。寻找镜像电荷的一般步骤是:先找原电荷关于两个平面的对称点,进而找到两个镜像电荷(与原电荷等量异号),然后再找两个镜像电荷关于两个平面的对称点,进而找到另外两个镜像电荷(与原电荷等量同号),以此类推,出现两个镜像电荷位置重合时,镜像电荷全部找齐。当然,这种寻找镜像电荷的方法只适用于 $n$ 为整数的情况,否则将出现无限个镜像电荷的情况,甚至镜像电荷还会进入到原电荷所在的区域,使得问题无法求解。

镜像法可用于不同介质分界面的情形,也可用于恒定磁场的问题求解。

## 小结

本章主要研究静电场的基本方程和边界条件，以及静电场中的位函数、电容、电场能量等问题。

**1. 静电场的基本方程和边界条件**

1）基本方程

（1）环路定理的积分形式　$\oint_L \boldsymbol{E}\cdot \mathrm{d}\boldsymbol{l} = -\int_S \frac{\partial \boldsymbol{B}}{\partial t}\cdot \mathrm{d}\boldsymbol{s} = 0$

（2）高斯定理的积分形式　$\oint_S \boldsymbol{D}\cdot \mathrm{d}\boldsymbol{s} = Q = \int_V \rho_v \mathrm{d}v$

（3）环路定理的微分形式　$\nabla\times\boldsymbol{E}=0$

（4）高斯定理的微分形式　$\nabla\cdot\boldsymbol{D}=\rho_v$

2）本构关系　$\boldsymbol{D}=\varepsilon_0\varepsilon_r\boldsymbol{E}=\varepsilon\boldsymbol{E}$

3）边界条件

（1）切向边界条件　$E_{1t}=E_{2t}$

（2）法向边界条件　$D_{1n}-D_{2n}=\rho_S$

**2. 位函数**

1）电位的定义式　$\boldsymbol{E}=-\nabla\phi$

2）电位的计算式　$\phi_A = \int_A^\infty \boldsymbol{E}\cdot \mathrm{d}\boldsymbol{l}$

3）电位差　$U_{AB} = \phi_A - \phi_B = \int_A^B \boldsymbol{E}\cdot \mathrm{d}\boldsymbol{l}$

4）电位方程　$\nabla^2\phi=-\frac{\rho_v}{\varepsilon}$

**3. 电容及电场能量**

1）孤立导体的电容　$C=\frac{Q}{\phi}$

2）电容器的电容　$C=\frac{Q}{U_{AB}}$

3）电场能量

（1）电场能量密度　$w_e=\frac{1}{2}\varepsilon E^2=\frac{1}{2}DE=\frac{1}{2}\boldsymbol{D}\cdot\boldsymbol{E}$

（2）电场能量　$W_e = \int_V w_e \mathrm{d}v = \frac{1}{2}\int_V DE\mathrm{d}v$

**4. 唯一性定理　镜像法**

1）唯一性定理：对于任一静态场，在边界条件给定后，空间各处的场也就唯一地确定了。

2) 镜像法：在所研究的场域以外的某些适当的位置，用一些假想的电荷（称为**镜像电荷**）等效代替导体表面的感应电荷，把边界上的原电荷和感应电荷共同产生电场的问题转换成为均匀无界空间的原电荷和镜像电荷产生电场的问题来求解的方法。根据唯一性定理，只要假想的电荷与原电荷产生的电场满足原问题给定的边界条件，所得结果就是原问题的解。

镜像电荷的个数：如果两导体平面之间劈尖角为 $\pi/n$，则共有 $N=2n-1$ 个镜像电荷。

## 习题 3

3-1 空气中有一半径为 $a$ 的球形带电体，已知球体内的电场强度为 $\boldsymbol{E}=cr^2\boldsymbol{e}_r(r<a)$，式中 $C$ 为常量。试求：(1)球体内的电荷分布情况；(2)球体的总电荷量；(3)球体外的电场强度；(4)球内外的电位分布。

3-2 总电量为 $q$ 的电荷均匀分布于半径为 $a$ 的球体中，试求：球内、外的电场强度。

3-3 电量为 $q$ 的点电荷位于 $P_1(-a,0,0)$处，电量为 $-2q$ 的点电荷位于 $P_2(a,0,0)$处。试求：空间电位为零的面。

3-4 一半径为 $a$ 的介质球，其内均匀分布电荷体密度为 $\rho$，设介质球的相对介电常数为 $\varepsilon_r$。试求：介质球球心的电位。

3-5 电场中有一截面半径为 $a$ 的圆柱体，已知圆柱体内、外电位表示式分别为

$$\begin{cases}\phi_1=0(\rho<a)\\ \phi_2=A\left(\rho-\dfrac{a^2}{\rho}\right)(\rho\geqslant a)\end{cases}$$

试求：圆柱体内、外电场强度表达式。

3-6 如图 3-10 所示，平板电容器极板面积为 $A$，极板间距为 $d$，两极板间两种介质的介电常数分别为 $\varepsilon_0$、$3\varepsilon_0$。试求：此平板电容器的电容。

3-7 两同心导体球半径分别为 $a$、$b$，中间三个区域的介质介电常数分别为 $\varepsilon_1$、$\varepsilon_2$、$\varepsilon_3$，如图 3-11 所示，设内外球面分别均匀带电荷 $Q$，$-Q$。试求：(1)两球面之间的电场强度表达式；(2)两球面之间的电位差；(3)同心球的电容。

3-8 同轴线截面内外半径分别为 $a$、$b$，外导体厚度忽略不计。内导体单位长度带有电量为 $\rho_l$，外导体单位长度带有电量为 $-\rho_l$，内外导体之间电介质介电常数都为 $\varepsilon$。试求：同轴线电位长度的电场能量。

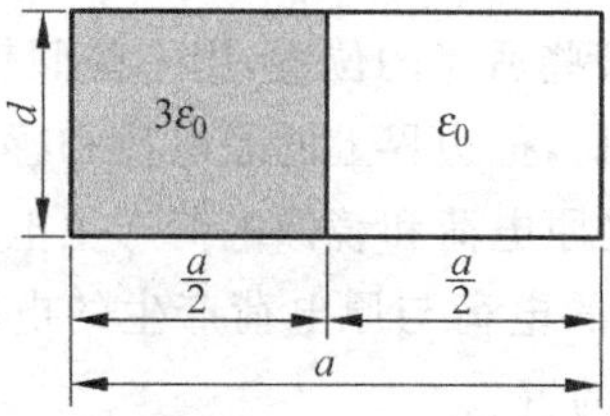


图 3-10　习题 3-6 用图

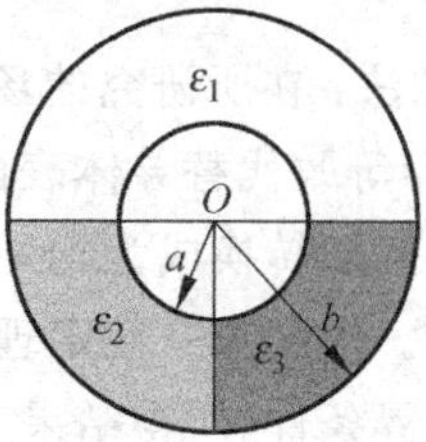


图 3-11　习题 3-7 用图

3-9　如图 3-12 所示，沿 $y$ 轴方向有一无限长直线电荷位于无限大接地导体平面的上方，直线距大地为 $h$，直线上单位长度带电为 $\rho_l$。试用镜像法求解直线所在区域一点 $P(x,y,z)$ 的电位。

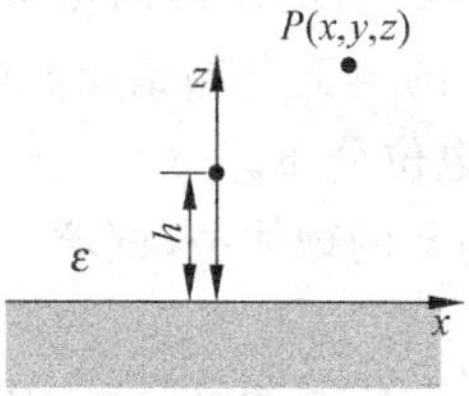


图 3-12　习题 3-9 用图

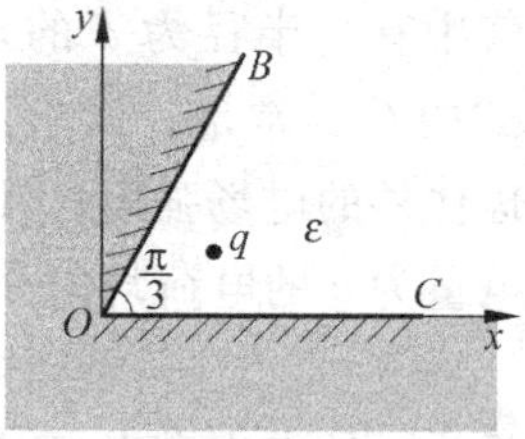


图 3-13　习题 3-10 用图

3-10　如图 3-13 所示，两半无限大接地平面，劈尖角为 $\pi/3$，在 $P(1,1)$ 处有一点电荷 $q$。试求：(1) 电荷 $q$ 的几个镜像电荷的电量及位置；(2) 设电荷 $q=4.5\times10^{-8}$C 劈尖内 $x=2,y=1$ 点的电位值。

3-11　已知如例题 3-7(2) 情况。试求：导体球与导体球罩构成的球形电容器的电容。

3-12　电场中一半径为 $a$、介电常数为 $\varepsilon$ 的介质球，球内、外的电位函数分别为

$$\varphi_1=-E_0 r\cos\theta+\frac{\varepsilon-\varepsilon_0}{\varepsilon+2\varepsilon_0}a^3E_0\frac{\cos\theta}{r^2}\quad r\geqslant a$$

$$\varphi_2=-\frac{3\varepsilon_0}{\varepsilon+2\varepsilon_0}E_0 r\cos\theta\quad r\leqslant a$$

验证球表面的电位边界条件，并计算球表面的束缚电荷密度。

3-13　一个体密度为 $\rho=2.32\times10^{-7}\mathrm{C/m^3}$ 的质子束，束内的电荷均匀分布，束截面直径为 2mm，束外没有电荷分布。试求：质子束内部和外部的电场强度(设质子束长度远大于截面直径)。

3-14　填充有两层介质的同轴电缆，内导体截面半径为 $a$，外导体截面内半

径为 $c$，两层介质的分界面截面半径为 $b$。两层介质的介电常数为 $\varepsilon_1$ 和 $\varepsilon_2$，电导率为 $\sigma_1$ 和 $\sigma_2$。设内外导体的电压为 $U_0$，外导体接地。试求：两导体之间的电流密度和电场强度分布。

3-15　两无限大接地平行板电极，距离为 $d$，电位分别为 0 和 $U_0$，板间充满电荷密度为 $\frac{\rho_0 x}{d}$ 的电荷。试求：极板间的电位分布和极板上的电荷密度。

3-16　在均匀外电场 $\boldsymbol{E}_0=\boldsymbol{e}_z E_0$ 中放入半径为 $a$ 的导体球，试求下列两种情况下球外的电位分布：(1)导体充电至电位为 $U_0$；(2)导体上充电至带电量为 $Q$。

3-17　一个点电荷 $q$ 与无限大导体平面距离为 $d$，试求：把此电荷从该处移到无穷远过程中需要做的功。

# 第4章 恒定电场

电荷定向运动而形成电流。不随时间变化的电流称为**恒定电流**(或直流)，随时间变化的电流称为**时变电流**。电流会产生电场和磁场，恒定电流产生恒定电场和恒定磁场。

由于恒定电场是以恒定速度运动的电荷产生的，恒定电流在导体外部空间产生的电场也不会随时间变化，因而导体外部的电场仍是静态场，仍可以按照静电场的相关方法进行研究，在此不再赘述。本章主要研究导体(或导电媒质)内部的恒定电场，研究恒定电场中的基本方程和边界条件，介绍恒定电场的基本研究方法——静电比拟法，并分析导电媒质的一个重要参数——电导的求解方法。

## 4.1 恒定电场的基本方程和边界条件

本节将从第 2 章介绍的麦克斯韦方程组及边界条件出发，讨论恒定电场中对应的基本方程和边界条件。

### 4.1.1 恒定电场的基本方程

要在导电媒质中维持恒定电流，必然要在导电媒质中存在一个恒定的电场。电流体密度 $\boldsymbol{J}$ 和电场强度 $\boldsymbol{E}$ 是恒定电场的两个基本场矢量，与这两个基本场矢量相关的麦克斯韦方程组中的表达式就是恒定电场的基本方程。

由麦克斯韦方程组微分形式 $\nabla\times\boldsymbol{E}=-\frac{\partial \boldsymbol{B}}{\partial t}$，及恒定电场是运动电荷激发，不是变化磁场激发，即 $\frac{\partial \boldsymbol{B}}{\partial t}=0$，可得恒定电场中第一个基本方程的微分形式为

$$\nabla\times\boldsymbol{E}=0 \tag{4-1}$$

由电流连续性方程的微分形式 $\nabla\cdot\boldsymbol{J}=-\frac{\partial \rho_v}{\partial t}$，及恒定电场中电荷匀速运动，

单位体积内电荷不随时间改变，即$\frac{\partial \rho_v}{\partial t}=0$，可得恒定电场中第二个基本方程的微分形式为

$$\nabla \cdot \boldsymbol{J}=0 \tag{4-2}$$

式(4-1)表明：恒定电场是无旋场，恒定电场的电场线是不闭合的；式(4-2)表明：恒定电场也不是发散场。恒定电场是与静电场不同的电场。

根据斯托克斯定理和高斯定理可分别写出上两个微分形式对应的积分形式分别为

$$\oint_L \boldsymbol{E} \cdot \mathrm{d}\boldsymbol{l} = 0 \tag{4-3}$$

$$\oint_S \boldsymbol{J} \cdot \mathrm{d}\boldsymbol{s} = 0 \tag{4-4}$$

两个场矢量间的关系(导电媒质中本构关系)为

$$\boldsymbol{J}=\sigma \boldsymbol{E} \tag{4-5}$$

### 4.1.2 恒定电场的边界条件

在电导率分别为 $\sigma_1$ 和 $\sigma_2$ 的两种导电媒质的交界面处，作闭合回路 $L$(垂直交界面的边取无限短，平行交界面部分回路长度为 $l_1$)，用与第 2 章中推边界条件表达式相同的方法，根据基本方程式(4-3)，计算闭合回路上场强的线积分，可得

$$E_{1t}l_1-E_{2t}l_1=0$$

即

$$E_{1t}=E_{2t} \tag{4-6}$$

在两种导电媒质交界面处做闭合曲面 $S$(垂直交界面的面取无限小，平行交界面的部分面积设为 $S_1$)，根据基本方程式(4-4)，计算闭合曲面的面积分，可得

$$J_{1n}S_1-J_{2n}S_1=0$$

即

$$J_{1n}=J_{2n} \tag{4-7}$$

式(4-6)和式(4-7)称为恒定电场中的**边界条件**。根据此二式可知：恒定电场中，不同导电媒质交界面处场强的切向分量连续，电流密度的法向分量连续。

根据本构关系 $\boldsymbol{J}=\sigma\boldsymbol{E}$，边界条件在具体使用时，也可写成如下形式

$$\frac{J_{1t}}{\sigma_1}=\frac{J_{2t}}{\sigma_2} \tag{4-8}$$

$$\sigma_1 E_{1n}=\sigma_2 E_{2n} \tag{4-9}$$

从式(4-8)及式(4-9)可知：恒定电场中，不同导电媒质交界面处电流密度的切向分量不连续，电场强度的法向分量不连续。它们的变化情况与两种媒质的电导率比值有关，常用导电材料在常温(20℃)下的电导率如表 4-1 所示。

表 4-1 常用材料常温下电导率

| 材料 | 电导率 $\sigma$/(S/m) | 材料 | 电导率 $\sigma$/(S/m) |
|---|---|---|---|
| 铁 | $1.00\times10^7$ | 铅 | $4.55\times10^7$ |
| 黄铜 | $1.46\times10^7$ | 铜 | $5.80\times10^7$ |
| 铝 | $3.54\times10^7$ | 银 | $6.20\times10^7$ |
| 金 | $4.10\times10^7$ | 硅 | $1.56\times10^{-3}$ |

## 4.2 静电比拟法 电导

本节通过恒定电场和无源区域静电场的相似性比较，讨论恒定电场的分析方法——静电比拟法，并讨论电导的求解方法。

### 4.2.1 静电比拟法

把恒定电场的基本方程和边界条件与无源区域（电荷体密度 $\rho_v=0$）静电场的基本方程和边界条件进行比较，我们发现，两者有许多相似之处，如表 4-2 所示。

表 4-2 恒定电场与无源区域静电场的比拟

| 场 | | 导电媒质中的恒定电场 | 无源区域的静电场 |
|---|---|---|---|
| 基本场矢量 | | 电场强度 $\boldsymbol{E}$<br>电流密度 $\boldsymbol{J}$ | 电场强度 $\boldsymbol{E}$<br>电位移矢量 $\boldsymbol{D}$ |
| 基本方程 | 积分形式 | $\oint_L \boldsymbol{E}\cdot d\boldsymbol{l}=0$<br>$\oint_S \boldsymbol{J}\cdot d\boldsymbol{s}=0$ | $\oint_L \boldsymbol{E}\cdot d\boldsymbol{l}=0$<br>$\oint_S \boldsymbol{D}\cdot d\boldsymbol{s}=0$ |
| | 微分形式 | $\nabla\times\boldsymbol{E}=0$<br>$\nabla\cdot\boldsymbol{J}=0$ | $\nabla\times\boldsymbol{E}=0$<br>$\nabla\cdot\boldsymbol{D}=0$ |
| 本构关系 | | $\boldsymbol{J}=\sigma\boldsymbol{E}$ | $\boldsymbol{D}=\varepsilon\boldsymbol{E}$ |
| 相关物理量 | | 电流强度 $I=\oint_S \boldsymbol{J}\cdot d\boldsymbol{s}$ | 电荷量 $Q=\oint_S \boldsymbol{D}\cdot d\boldsymbol{s}$ |
| 边界条件 | | $E_{1t}=E_{2t}$<br>$J_{1n}=J_{2n}$ | $E_{1t}=E_{2t}$<br>$D_{1n}=D_{2n}$ |

从表 4-2 可以看出,恒定电场和无源区域静电场的各个物理量之间有一一对应的对偶关系,如表 4-3 所示。

**表 4-3　恒定电场与静电场物理量的对应关系**

| 恒定电场 | $\boldsymbol{E}$ | $\boldsymbol{J}$ | $I$ | $\sigma$ |
|---|---|---|---|---|
| 静电场 | $\boldsymbol{E}$ | $\boldsymbol{D}$ | $Q$ | $\varepsilon$ |

从表 4-2 我们还可以看出,不仅两种场的物理量是一一对应的,相关物理量之间的关系形式在两种场中也是相同的,因而当两种场的边界条件相同时,两种场的解的形式也必然是相同的。由此我们可以得出:在相同的条件下,如果已知静电场的解,利用恒定电场和静电场物理量的对偶关系,可直接得出恒定电场的解。这种计算恒定电场的方法称为**静电比拟法**。

### 4.2.2　电导

在这两种场中,存在对偶关系的物理量除了表 4-3 列出的之外,还有一对——电容和电导。

电导是电阻的倒数,是描述导电媒质导电能力强弱的物理量。它定义为导体内电流强度与导体两端电位差的比值。

利用静电比拟法,可以方便地由静电场中两个导体间的电容 $C$,得出恒定电场中两个导体间的电导 $G$。

静电场中,两个导体之间的电容定义为

$$C=\frac{Q}{U}=\frac{\oint_S \boldsymbol{D}\cdot \mathrm{d}\boldsymbol{s}}{\int_L \boldsymbol{E}\cdot \mathrm{d}\boldsymbol{l}}=\frac{\varepsilon\oint_S \boldsymbol{E}\cdot \mathrm{d}\boldsymbol{s}}{\int_L \boldsymbol{E}\cdot \mathrm{d}\boldsymbol{l}} \tag{4-10}$$

恒定电场中,两个导电媒质间的电导定义为

$$G=\frac{I}{U}=\frac{\oint_S \boldsymbol{J}\cdot \mathrm{d}\boldsymbol{s}}{\int_L \boldsymbol{E}\cdot \mathrm{d}\boldsymbol{l}}=\frac{\sigma\oint_S \boldsymbol{E}\cdot \mathrm{d}\boldsymbol{s}}{\int_L \boldsymbol{E}\cdot \mathrm{d}\boldsymbol{l}} \tag{4-11}$$

比较式(4-10)、式(4-11),可得

$$\frac{C}{G}=\frac{\varepsilon}{\sigma} \tag{4-12}$$

恒定电场中,两导电媒质间的(漏)电阻为

$$R=\frac{1}{G}=\frac{\varepsilon}{\sigma C} \tag{4-13}$$

总结以上,求解两导体电极间电导的方法有两种,具体方法如下:

(1) 静电比拟法。先求出两导体电极间的电容,然后根据式(4-12)求解电导。

(2) 电导定义式法。先设两导体间电位差(或者流经的电流强度),然后在假设的前提下求解两导体间电流强度(或者电位差),最后根据式(4-11)求解电导。

**例题 4-1** 同轴线的内导体半径为 $a$,外导体半径为 $b$,内外导体之间填充介质的介电常数为 $\varepsilon$,电导率为 $\sigma$,如图 4-1 所示。试求:此同轴线单位长度的漏电阻(绝缘电阻)。

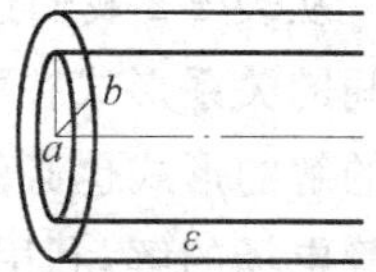

图 4-1 例题 4-1 用图

**解** 方法一:静电比拟法。

根据例题 2-3 可知,同轴电缆内外导体单位长度带电量分别为 $\rho_l$ 和 $-\rho_l$ 时,内外导体之间的电位差为

$$U=\frac{\rho_l}{2\pi\varepsilon}\ln\frac{b}{a}$$

则单位长度的电容为

$$C=\frac{Q}{U}=\frac{2\pi\varepsilon}{\ln(b/a)}$$

利用静电比拟法,根据 $\dfrac{C}{G}=\dfrac{\varepsilon}{\sigma}$,可得同轴电缆单位长度的电导为

$$G=\frac{2\pi\sigma}{\ln(b/a)}$$

单位长度的漏电阻(绝缘电阻)为

$$R=\frac{1}{G}=\frac{\ln(b/a)}{2\pi\sigma}$$

方法二:电导定义式法。

若同轴电缆的内外导体间加恒定电压,由于填充介质 $\sigma\neq 0$,则有电流沿径向从内导体流向外导体(漏电流),设单位长度电缆漏电流的电流强度为 $I$。则到轴线距离为 $\rho$ 的一点的电流密度为

$$\boldsymbol{J}=\frac{I}{2\pi\rho}\boldsymbol{e}_\rho$$

根据导电媒质中 $\boldsymbol{J}=\sigma\boldsymbol{E}$,可得内外导体间沿径向电场强度为

$$\boldsymbol{E}=\frac{\boldsymbol{J}}{\sigma}=\frac{I}{2\pi\rho\sigma}\boldsymbol{e}_\rho$$

内外导体间的电压值为

$$U=\int_a^b \boldsymbol{E}\cdot \mathrm{d}\boldsymbol{l}=\int_a^b\frac{I}{2\pi\rho\sigma}\mathrm{d}\rho=\frac{I}{2\pi\sigma}\ln\frac{b}{a}$$

根据欧姆定律,可得同轴电缆单位长度的绝缘电阻(漏电阻)为

$$R=\frac{U}{I}=\frac{1}{2\pi\sigma}\ln\frac{b}{a}$$

**例题 4-2**　球形电容器的内导体半径为 $a$,外导体半径为 $b$,两导体之间填充介质的电导率为 $\sigma$,如图 4-2 所示。试求:球形电容器的漏电导。

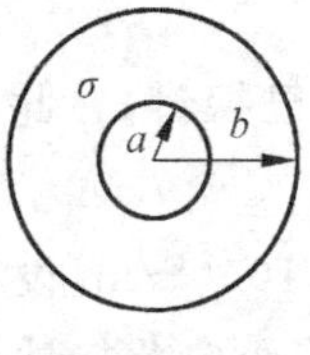


图 4-2　例题 4-2 用图

**解**　设使用时内外导体之间的漏电流为 $I$,则半径为 $r$ 的同心球面处电流的体密度为

$$\boldsymbol{J}=\frac{I}{4\pi r^2}\boldsymbol{e}_r$$

根据导电媒质中 $\boldsymbol{J}=\sigma\boldsymbol{E}$,可得内外导体间沿径向电场强度为

$$\boldsymbol{E}=\frac{\boldsymbol{J}}{\sigma}=\frac{I}{4\pi\sigma r^2}\boldsymbol{e}_r$$

内外导体间的电压值为

$$U=\int_a^b \boldsymbol{E}\cdot \mathrm{d}\boldsymbol{l}=\int_a^b \frac{I}{4\pi r^2\sigma}\mathrm{d}r=\frac{I}{4\pi\sigma}\left(\frac{1}{a}-\frac{1}{b}\right)$$

根据电导定义式,可得球形电容器的漏电导为

$$G=\frac{I}{U}=\frac{4\pi\sigma}{\dfrac{1}{a}-\dfrac{1}{b}}=\frac{4\pi\sigma ab}{b-a}$$

**例题 4-3**　电子、电气设备在使用时,一般要求与地进行良好连接,接地装置一般是一个与设备外壳连接且埋在地下的金属物体。若金属物体可视为半径为 $a$ 的半球形,如图 4-3 所示,试求:半球形接地器的漏电阻(也称接地电阻,是指电流由接地器流入大地再向无限远处扩散所遇到的电阻)。

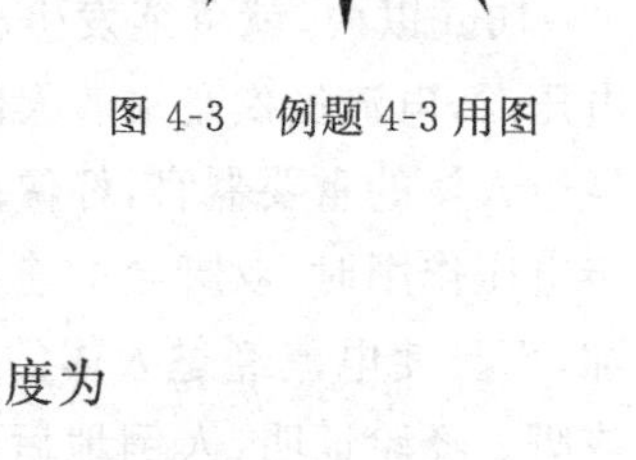

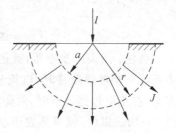

图 4-3　例题 4-3 用图

**解**　设经接地线通过半球形流向大地的电流强度为 $I$,则大地中到接地点距离为 $r$ 处的电流密度为

$$\boldsymbol{J}=\frac{I}{2\pi r^2}\boldsymbol{e}_r$$

根据导电媒质中 $\boldsymbol{J}=\sigma\boldsymbol{E}$,可得大地中沿径向电场强度为

$$\boldsymbol{E}=\frac{\boldsymbol{J}}{\sigma}=\frac{I}{2\pi r^2\sigma}\boldsymbol{e}_r$$

从接地器到无穷远处电压值为

$$U=\int_a^{\infty}\boldsymbol{E}\cdot \mathrm{d}\boldsymbol{r}=\int_a^{\infty}\frac{I}{2\pi r^2\sigma}\mathrm{d}r=\frac{I}{2\pi\sigma a}$$

根据欧姆定律，可得漏电阻（接地电阻）为

$$R=\frac{U}{I}=\frac{1}{2\pi a\sigma}$$

此题也可用静电比拟法求解漏电阻，有兴趣的同学可自己探讨，在此不再讨论。

**例题 4-4** 一半球形接地系统，已知土壤的电导率为 $\sigma=10^{-2}\,\mathrm{S/m}$，设有短路电流 500A 从该接地体流入大地之中，有人正以 0.6m 的步距向此接地系统前进，此人的前足距接地体中心 2m。试求：此人的跨步电压（两足之间的电位差）。

**解** 经大地中到接地点距离为 $r$ 处的电流密度为

$$\boldsymbol{J}=\frac{I}{2\pi r^2}\boldsymbol{e}_r$$

根据导电媒质中 $\boldsymbol{J}=\sigma\boldsymbol{E}$，可得大地中沿径向电场强度为

$$\boldsymbol{E}=\frac{\boldsymbol{J}}{\sigma}=\frac{I}{2\pi r^2\sigma}\boldsymbol{e}_r$$

此人两足之间的跨步电压为

$$\begin{aligned}U&=\int_2^{2.6}E\cdot \mathrm{d}r=\int_2^{2.6}\frac{I}{2\pi r^2\sigma}\mathrm{d}r\\&=\frac{I}{2\pi\sigma}\left(\frac{1}{2}-\frac{1}{2.6}\right)\\&=918.2\mathrm{V}\end{aligned}$$

备注：所谓跨步电压，就是指电气设备发生接地故障，即电气设备外壳或电力系统一相接地短路时，电流从接地极四散流出，在地面上形成不同的电位分布，人在走近短路地点时，两脚之间的电位差。人或牲畜站在距离短路电流接地点 8～10m 以内，就可能发生触电事故，这种触电叫做跨步电压触电。人受到跨步电压时，电流虽然是沿着人的下身，从脚经腿、胯部又到脚与大地形成通路，没有经过人体的重要器官，好像比较安全，但是实际并非如此！因为人受到较高的跨步电压作用时，双脚会抽筋，使身体倒在地上。这不仅使作用于身体上的电流增加，而且使电流经过人体的路径改变，完全可能流经人体重要器官，如从头到手或脚。经验证明，人倒地后电流在体内持续作用 2s，这种触电就会致命。根据试验，当牛站在水田里，如果前后足之间的跨步电压达到 10V 左右，牛就会倒下，电流常常会流经它的心脏，触电时间长了，牛会死亡。跨步电压触电一般发生在高压电线落地时，但对低压电线落地也不可麻痹大意。当跨步电压达到

40～50V 时，就使人有触电危险，因为跨步电压也会使人摔倒，增大流经人体的电流值以及改变人体内电流的流经路径，发生触电事故甚至会使人发生触电死亡。比较有价值的避免事故的经验是：当一个人发觉自己可能受到跨步电压威胁时，应赶快把双脚并在一起跳（有人形象地把这个动作比喻成僵尸跳），或尽快用一条腿跳着沿远离接地点的方向离开危险区。

## 小结

本章主要研究导体（或导电媒质）内部的恒定电场的基本方程和边界条件以及电导的求解方法。

**1. 恒定电场的基本方程和边界条件**

1）基本方程

（1）环路定理的积分形式　$\oint_L \boldsymbol{E}\cdot \mathrm{d}\boldsymbol{l}=\boldsymbol{0}$

（2）高斯定理的积分形式　$\oint_S \boldsymbol{J}\cdot \mathrm{d}\boldsymbol{s}=0$

（3）环路定理的微分形式　$\nabla\times\boldsymbol{E}=0$

（4）高斯定理的微分形式　$\nabla\cdot\boldsymbol{J}=0$

2）本构关系　$\boldsymbol{J}=\sigma\boldsymbol{E}$

3）边界条件

（1）切向边界条件　$E_{1t}=E_{2t}$

（2）法向边界条件　$J_{1n}=J_{2n}$

**2. 电导**

1）静电比拟法

通过恒定电场和无源区域静电场的相似性比较，讨论恒定电场的分析方法。恒定电场和无源区域静电场的各个物理量之间有一一对应的对偶关系，如下表所示。

**恒定电场与静电场物理量的对应关系**

| 恒定电场 | $\boldsymbol{E}$ | $\boldsymbol{J}$ | $I$ | $\sigma$ | $G$ |
|---|---|---|---|---|---|
| 静电场 | $\boldsymbol{E}$ | $\boldsymbol{D}$ | $Q$ | $\varepsilon$ | $C$ |

2）电导的求解

（1）静电比拟法求解　$\dfrac{C}{G}=\dfrac{\varepsilon}{\sigma}$

（2）定义式法求解　$G=\dfrac{I}{U}$

# 习题 4

4-1　一个同心球电容器的内外半径分别为 $a=5\text{cm}$、$b=10\text{cm}$，其间介质的电导率为 $\sigma=10^{-10}\text{S/m}$。试求：球形电容器的漏电电导。

4-2　试求：深埋地下半径为 $a$ 的导体球形接地器的接地电阻。

4-3　半径为 $a=0.5\text{m}$ 的半球形铜材料接地器深埋地下，大地的电导率为 $\sigma=0.1\text{S/m}$。试求：(1)此接地器的接地电阻；(2)成人的跨步距离为 0.8m，若接地电流为 $I=20\text{A}$，则从到接地点距离为 $r=3\text{m}$ 处向内的跨步电压为多大。

4-4　一半球形接地系统，已知土壤的电导率为 $\sigma=10^{-2}\text{S/m}$，设有短路电流 100A 从该接地体流入大地之中，有人正以 0.6m 的步距向此接地系统前进，此人的前足距接地体中心 4m。试求：此人的跨步电压(两足之间的电位差)。

4-5　平板电容器两极板间充有两层介质，如图 4-4 所示。介质厚度分别为 $d_1$，$d_2$，电容率分别为 $\varepsilon_1$，$\varepsilon_2$，电导率分别为 $\sigma_1$ 和 $\sigma_2$，电容器极板的面积为 $S$。当电容器充电至极板间电压为 $U$ 时，试求：(1)两极板间的电场强度；(2)两种介质分界面上的电荷面密度；(3)电容器的漏电导；(4)当满足参数关系 $\sigma_1\varepsilon_2=\sigma_2\varepsilon_1$ 时，电容器漏电导与电容的比值。

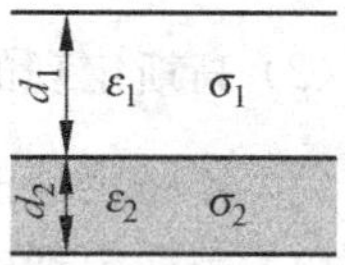

图 4-4　习题 4-5 用图

# 第5章 恒定磁场

本章主要研究恒定电流产生的磁场的基本方程及边界条件，介绍电感的定义和求解方法，以及磁场能量等相关问题。

## 5.1 恒定磁场的基本方程和边界条件

本节将从第2章介绍的麦克斯韦方程组及边界条件出发，讨论恒定磁场中对应的基本方程和边界条件。

### 5.1.1 恒定磁场的基本方程

恒定磁场的两个基本场矢量是磁感应强度 $\boldsymbol{B}$ 和磁场强度 $\boldsymbol{H}$，与这两个基本场矢量相关的麦克斯韦方程组中的表达式就是恒定磁场的基本方程。

由麦克斯韦方程组微分形式 $\nabla\times\boldsymbol{H}=\boldsymbol{J}_c+\dfrac{\partial \boldsymbol{D}}{\partial t}$，及恒定磁场是恒定电流激发，不是变化电场激发，即 $\dfrac{\partial \boldsymbol{D}}{\partial t}=0$，可得恒定磁场中第一个基本方程的微分形式为

$$\nabla\times\boldsymbol{H}=\boldsymbol{J}_c \tag{5-1}$$

恒定磁场的第二个基本方程的微分形式即为麦克斯韦方程组中的 $\boldsymbol{B}$ 的散度表达式，即

$$\nabla\cdot\boldsymbol{B}=0 \tag{5-2}$$

式(5-1)表明，恒定磁场是旋涡场，它的旋涡源即是传导电流，恒定磁场的磁感应线是闭合的；式(5-2)表明，恒定磁场不是发散场，磁感应线无头无尾。

根据斯托克斯定理和高斯定理可分别写出以上两个微分形式对应的积分形式分别为

$$\oint_L \boldsymbol{H}\cdot \mathrm{d}\boldsymbol{l}=\int_S \boldsymbol{J}_c\cdot \mathrm{d}\boldsymbol{s} \tag{5-3}$$

$$\oint_S \boldsymbol{B} \cdot \mathrm{d}\boldsymbol{s} = 0 \tag{5-4}$$

两个场矢量间的关系(媒质中的本构关系)为

$$\boldsymbol{B} = \mu \boldsymbol{H} = \mu_r \mu_0 \boldsymbol{H} \tag{5-5}$$

### 5.1.2 恒定磁场的边界条件

根据第2章边界条件公式,可知在磁导率分别为 $\mu_1$ 和 $\mu_2$ 的两种介质的交界面处,存在如下两个边界条件

$$H_{1t} - H_{2t} = J_s \tag{5-6}$$

$$B_{1n} = B_{2n} \tag{5-7}$$

式(5-6)表明,不同介质的交界面处,磁场强度的切向分量不连续,切向分量的变化量等于交界面上电流面密度,如果交界面处无电流,则磁场强度切向分量连续;式(5-7)表明,不同介质的交界面处,磁感应强度的法向分量连续。

根据本构关系 $\boldsymbol{B} = \mu \boldsymbol{H}$,边界条件在具体使用时,也可写成如下形式

$$\frac{B_{1t}}{\mu_1} - \frac{B_{2t}}{\mu_2} = J_s \tag{5-8}$$

$$\mu_1 H_{1n} = \mu_2 H_{2n} \tag{5-9}$$

从式(5-8)及式(5-9)可知:恒定磁场中,不同磁介质交界面处磁场的切向分量不连续,磁感应强度的法向分量不连续。它们的变化情况跟两种媒质的磁导率的比值有关,常用磁介质材料的相对磁导率(介质磁导率与真空磁导率的比值)如表5-1所示。

**表 5-1 常用磁介质材料的相对磁导率**

| 分类 | 材料 | 相对磁导率($\mu_r = \mu/\mu_0$) |
|---|---|---|
| 抗磁质 | 金 | 0.9996 |
| | 银 | 0.9998 |
| | 铜 | $1-9.4\times10^{-6}$ |
| | 水 | $1-8.8\times10^{-6}$ |
| 顺磁质 | 空气 | $1+3.6\times10^{-7}$ |
| | 铝 | $1+2.1\times10^{-5}$ |
| | 钛 | $1+1.8\times10^{-4}$ |
| | 铂 | $1+2.9\times10^{-4}$ |
| 铁磁质 | 镍 | 250 |
| | 冷轧钢(98.5%) | 2000 |
| | 铁(99.9%) | 5000 |
| | 78坡莫合金 | 100000 |

若媒质的磁导率 $\mu\to\infty$，称之为理想导磁体。在理想导磁体的内部，由于 $\mu\to\infty$，则应有 $\boldsymbol{H}=0$（若 $\boldsymbol{H}\neq 0$，根据式 $\boldsymbol{B}=\mu\boldsymbol{H}$ 及 $\mu\to\infty$，应有 $\boldsymbol{B}=\infty$，如此大的磁场需要无限大的电流激发，这显然不现实）。

现实中，理想导磁体并不存在，但由于铁磁质的相对磁导率非常大，因此在粗略计算中，可以近似认为它们是理想的导磁体，即，可以近似认为铁磁质内部 $\boldsymbol{H}=0$。根据边界条件 $H_{1t}-H_{2t}=J_s$ 可知，当分界面上无电流时，有 $H_{1t}=H_{2t}=0$（令铁磁质为媒质 2），即在铁磁质与其他磁介质的交界面处，铁磁质表面的磁场强度没有切向分量，只有法向分量，铁磁质表面磁场强度应垂直于表面。工程中，习惯称这样的边界为磁壁。

**例题 5-1**　一通电直导线，截面半径为 $a$，电流强度为 $I$，电流沿轴线方向且在截面均匀分布。试求：(1)直导线内部磁场强度；(2)直导线外部磁场强度。

**解**　(1) 根据恒定磁场的环路定理的积分形式求解此题。选取以轴线上一点为圆心，到轴线距离为 $\rho$ 的各点构成的圆环为积分回路。电流密度分布具有轴对称性，可得出所选积分回路上磁场强度大小相等，方向沿回路的切向。即基本方程的左侧可化简为

$$\oint_L \boldsymbol{H}\cdot \mathrm{d}\boldsymbol{l}=\oint_L H\cos\theta \mathrm{d}l = H\oint_L \mathrm{d}l = H\cdot 2\pi\rho$$

环路定理的右侧为环路内包围电流强度代数和，根据电流在截面均匀分布，可得回路内包围电流强度的代数和为

$$I_1=\frac{I}{\pi a^2}\pi\rho^2=\frac{\rho^2 I}{a^2}$$

把上面两个结果代入环路定理 $\oint_L \boldsymbol{H}\cdot \mathrm{d}\boldsymbol{l} = I_1$，可得

$$H\cdot 2\pi\rho=\frac{\rho^2 I}{a^2}$$

化简此式，可得导线内部磁场强度为

$$H=\frac{\rho I}{2\pi a^2}$$

磁场强度的方向与电流流向成右手螺旋关系，即在柱坐标系中可表示为

$$\boldsymbol{H}=\frac{\rho I}{2\pi a^2}\boldsymbol{e}_\varphi$$

(2) 载流导线外部情况求解与(1)问求解方法相同。选取以轴线上一点为圆心，到轴线距离为 $\rho$ 的各点构成的圆环为积分回路。基本方程的左侧可化简为

$$\oint_L \boldsymbol{H}\cdot \mathrm{d}\boldsymbol{l} = H\cdot 2\pi\rho$$

回路包围电流的代数和为

$$I_2=I$$

把上面两步结果代入环路定理积分形式，可得

$$H\cdot 2\pi\rho=I$$

化简此式，可得导线外部磁场强度为

$$H=\frac{I}{2\pi\rho}$$

在柱坐标系中可表示为

$$\boldsymbol{H}=\frac{I}{2\pi\rho}\boldsymbol{e}_{\varphi}$$

**例题 5-2** 一通电直导线，截面半径为 $a$，电流沿轴线方向，电流体密度为 $J=k\rho^2$（$k$ 为正的常数，$\rho$ 表示场点到轴线的距离）。试求：(1)直导线内部磁场强度及磁场强度的旋度；(2)直导线外部磁场强度及磁场强度的旋度。

**解** (1) 根据恒定磁场的基本方程求解此题。选取以轴线上一点为圆心，到轴线距离为 $\rho$ 的各点构成的圆环为积分回路。电流密度分布具有轴对称性，可得出所选积分回路上磁场强度大小相等，方向沿回路的切向。即基本方程的左侧可化简为

$$\oint_L \boldsymbol{H}\cdot d\boldsymbol{l}=H\cdot 2\pi\rho$$

基本方程的右侧应为回路包围电流的代数和，根据电流密度分布关系，可得

$$I=\int_S \boldsymbol{J}_c\cdot d\boldsymbol{s}=\int_0^{\rho}k\rho^2\cdot 2\pi\rho d\rho=\frac{1}{2}k\pi\rho^4$$

根据基本方程式 $\oint_L \boldsymbol{H}\cdot d\boldsymbol{l}=\int_S \boldsymbol{J}_c\cdot d\boldsymbol{s}$，把上面两步结果相等，可得

$$H\cdot 2\pi\rho=\frac{1}{2}k\pi\rho^4$$

化简此式，可得导线内部磁场强度为

$$H=\frac{1}{4}k\rho^3$$

磁场强度的方向与电流流向成右手螺旋关系，即在柱坐标系中可表示为

$$\boldsymbol{H}=\frac{1}{4}k\rho^3\boldsymbol{e}_{\varphi}$$

采用柱坐标系中旋度公式，可得磁场强度的旋度为

$$\text{rot}\boldsymbol{H}=\nabla\times\boldsymbol{H}=\frac{1}{\rho}\begin{vmatrix}\boldsymbol{e}_{\rho} & \rho\boldsymbol{e}_{\varphi} & \boldsymbol{e}_z\\ \dfrac{\partial}{\partial\rho} & \dfrac{\partial}{\partial\varphi} & \dfrac{\partial}{\partial z}\\ 0 & \rho H_{\varphi} & 0\end{vmatrix}$$

$$=\frac{1}{\rho}\frac{\partial(\rho H_\varphi)}{\partial\rho}\boldsymbol{e}_z-\frac{1}{\rho}\frac{\partial(\rho H_\varphi)}{\partial z}\boldsymbol{e}_\rho$$
$$=k\rho^2\boldsymbol{e}_z$$
$$=J\boldsymbol{e}_z$$

此结果也可直接用恒定磁场基本方程的微分形式$\nabla\times\boldsymbol{H}=\boldsymbol{J}_c$得出。

(2) 载流导线外部情况求解与(1)问求解方法相同。选取以轴线上一点为圆心，到轴线距离为 $\rho$ 的各点构成的圆环为积分回路。基本方程的左侧可化简为

$$\oint_L \boldsymbol{H}\cdot \mathrm{d}\boldsymbol{l}=H\cdot 2\pi\rho$$

回路包围电流的代数和为

$$I=\int_S \boldsymbol{J}_c\cdot \mathrm{d}\boldsymbol{s}=\int_0^a k\rho^2\cdot 2\pi\rho\,\mathrm{d}\rho=\frac{1}{2}k\pi a^4$$

根据基本方程式$\oint_L \boldsymbol{H}\cdot \mathrm{d}\boldsymbol{l}=\int_S \boldsymbol{J}_c\cdot \mathrm{d}\boldsymbol{s}$，把上面两步结果相等，可得

$$H\cdot 2\pi\rho=\frac{1}{2}k\pi a^4$$

化简此式，可得导线外部磁场强度为

$$H=\frac{ka^4}{4\rho}$$

在柱坐标系中可表示为

$$\boldsymbol{H}=\frac{ka^4}{4\rho}\boldsymbol{e}_\varphi$$

磁场强度的旋度为

$$\mathrm{rot}\boldsymbol{H}=\nabla\times\boldsymbol{H}=\frac{1}{\rho}\begin{vmatrix}\boldsymbol{e}_\rho & \rho\boldsymbol{e}_\varphi & \boldsymbol{e}_z\\ \dfrac{\partial}{\partial\rho} & \dfrac{\partial}{\partial\varphi} & \dfrac{\partial}{\partial z}\\ 0 & \rho H_\varphi & 0\end{vmatrix}$$
$$=\frac{1}{\rho}\frac{\partial(\rho H_\varphi)}{\partial\rho}\boldsymbol{e}_z-\frac{1}{\rho}\frac{\partial(\rho H_\varphi)}{\partial z}\boldsymbol{e}_\rho$$
$$=0$$

载流导线外部无传导电流，这再次证明基本方程微分形式的正确性。

**例题 5-3**　$\mu_{r1}=3$ 的 $x<0$ 区域定义为区域 1，$\mu_{r2}=5$ 的 $x>0$ 区域定义为区域 2，已知 $\boldsymbol{H}_1=4.0\boldsymbol{i}+3.0\boldsymbol{j}-6.0\boldsymbol{k}$ (A/m)。若边界面处无电流通过，试求 $\boldsymbol{H}_2$。

**解**　根据已知可得，$x=0$ 面为两种介质的边界面，相应的，边界面的法向为 $x$ 轴方向，切向为 $y$ 轴和 $z$ 轴方向。根据磁场切向边界条件 $H_{1t}-H_{2t}=J_s$，及

$J_s=0$ 可得

$$H_{2y}=H_{1y}=3.0$$
$$H_{2z}=H_{1z}=-6.0$$

根据法向边界条件 $\mu_1 H_{1n}=\mu_2 H_{2n}$，可得

$$H_{2x}=\frac{\mu_1 H_{1x}}{\mu_2}=\frac{\mu_{r1} H_{1x}}{\mu_{r2}}=\frac{3\times 4.0}{5}=2.4$$

整理上面的结果，可得

$$\boldsymbol{H}_2=2.4\boldsymbol{i}+3.0\boldsymbol{j}-6.0\boldsymbol{k}\ (\mathrm{A/m})$$

**例题 5-4** $\mu_{r1}=2$ 的 $y>0$ 区域定义为区域 1，$\mu_{r2}=5$ 的 $y<0$ 区域定义为区域 2，在边界面附近有

$$\boldsymbol{B}_1=14\boldsymbol{i}-18\boldsymbol{j}+20\boldsymbol{k}\ (\mathrm{T})$$
$$\boldsymbol{B}_2=25\boldsymbol{i}-18\boldsymbol{j}+10\boldsymbol{k}\ (\mathrm{T})$$

试求：边界面处电流密度。

**解** 做边界面及坐标系如图 5-1 所示，根据已知可得，$y=0$ 面为两种介质的边界面，相应的，边界面的法向为 $y$ 轴正向，切向为 $x$ 轴和 $z$ 轴方向。

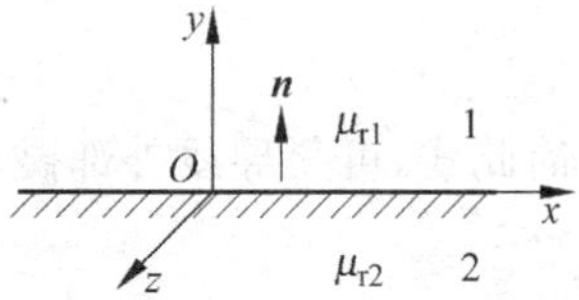

图 5-1 例题 5-4 用图

根据边界条件 $\frac{B_{1t}}{\mu_1}-\frac{B_{2t}}{\mu_2}=J_s$，可得

$$J_{sx}=\frac{B_{1z}}{\mu_1}-\frac{B_{2z}}{\mu_2}=\frac{1}{\mu_0}\left(\frac{20}{2}-\frac{10}{5}\right)=\frac{8}{\mu_0}$$

$$J_{sz}=-\left(\frac{B_{1x}}{\mu_1}-\frac{B_{2x}}{\mu_2}\right)=-\frac{1}{\mu_0}\left(\frac{14}{2}-\frac{25}{5}\right)=-\frac{2}{\mu_0}$$

边界面处电流密度为

$$\boldsymbol{J}_s=\frac{1}{\mu_0}(8\boldsymbol{i}-2\boldsymbol{k})\ (\mathrm{A/m})$$

## 5.2 电感

在线性的各向同性的媒质中，电流回路在空间产生的磁场与回路中的电流成正比，因此，穿过回路的磁通量(或磁链)也与回路中的电流成正比。在恒定磁场中，我们把穿过回路的磁通量(或磁链)与回路中的电流的比值称为**电感系数**，简称**电感**。

电感分为自感和互感，本节首先介绍自感的概念及自感的求解方法，然后介绍互感的概念及互感的求解方法。

### 5.2.1　自感

**自感现象**是指回路电流变化时在自己回路中引起的电磁感应现象。设回路中通有电流 $I$,它在自己回路中产生的磁链(一砸线圈磁通量与线圈匝数的乘积)为 $\psi$,则**自感定义**为

$$L=\frac{\psi}{I} \tag{5-10}$$

备注:在计算粗导体回路的自感时,通常将自感分为内自感和外自感,整个导体回路的自感等于内自感和外自感之和。**内自感**等于导体内部磁链与导体电流的比值,**外自感**等于导体外部磁链与导体电流的比值。在工程应用中,除铁磁材料构成的回路外,一般导线回路的内自感都远小于外自感,因而,工程计算中一般只计算外自感,本讲义也只介绍外自感的求解方法。

自感的求解方法如下:

(1) 设回路中通有电流强度为 $I$;

(2) 计算导线围绕回路中的磁链;

(3) 根据自感定义式(5-10)计算自感。

**例题 5-5**　平行放置的同一规格的导线称为平行双导线,使用时两导线通有反向同强度的电流。如图 5-2 所示,设导线横截面半径为 $a$,两导线轴线之间的距离为 $D(D\gg a)$,导线及导线之间磁导率皆为 $\mu_0$。试求:单位长度的平行双导线的自感。

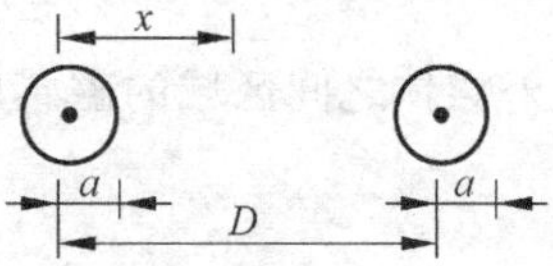

图 5-2　例题 5-5 用图

**解**　设导线中电流强度都为 $I$,流向相反。由于 $D\gg a$,计算导线外部磁场时,可近似地认为电流集中于导线轴线上。根据无限长直导线电流磁场中磁感应强度的公式 $B=\mu_0 I/2\pi r$($r$ 为场点到直导线轴线的距离),可得双导线之间区域磁感应强度为

$$B=\frac{\mu_0 I}{2\pi}\left(\frac{1}{x}+\frac{1}{D-x}\right)$$

磁感应强度的方向垂直于双导线所在的平面。

由磁感应强度的表达式可知,导线之间区域不是匀强磁场,为求磁通量,需选面元。选与导线平行长为 1m,宽为 d$x$ 的长方形面元,则面元的磁通量为

$$\mathrm{d}\psi=B\mathrm{d}s=\frac{\mu_0 I}{2\pi}\left(\frac{1}{x}+\frac{1}{D-x}\right)\cdot 1\cdot \mathrm{d}x$$

导线间区域的磁链为

$$\psi=\int_a^{D-a}\mathrm{d}\psi=\frac{\mu_0 I}{\pi}\ln\left(\frac{D-a}{a}\right)$$

根据定义式，可得自感为

$$L=\frac{\psi}{I}=\frac{\mu_0}{\pi}\ln\left(\frac{D-a}{a}\right)\approx\frac{\mu_0}{\pi}\ln\left(\frac{D}{a}\right)$$

**例题 5-6** 设同轴电缆内芯导体截面半径为 $a$，外导体截面半径为 $b$（外导体厚度忽略不计），内导体与外导体之间介质（一般是聚乙烯材料）的磁导率为 $\mu_0$，导体材料（一般是铜）的磁导率也近似为 $\mu_0$。试求：单位长度同轴电缆的电感。

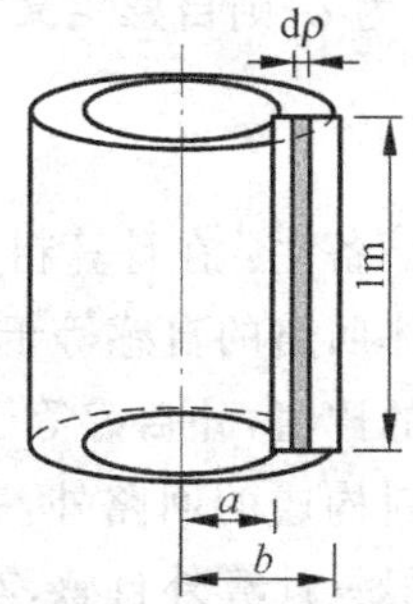


图 5-3 例题 5-6 用图

**解** 设同轴电缆内芯和外导体通有电流强度都为 $I$，流向相反。根据磁场基本方程 $\oint_L \boldsymbol{H}\cdot \mathrm{d}\boldsymbol{l}=\int_S \boldsymbol{J}_c\cdot \mathrm{d}\boldsymbol{s}$，并选取以轴线上一点为圆心，到轴线距离为 $\rho(a<\rho<b)$ 的各点构成的圆弧为积分回路，则有

$$\oint_L \boldsymbol{H}\cdot \mathrm{d}\boldsymbol{l} = H\cdot 2\pi\rho$$

$$\int_S \boldsymbol{J}_c\cdot \mathrm{d}\boldsymbol{s} = I$$

即 $$H\cdot 2\pi\rho=I$$

解方程得 $$H=\frac{I}{2\pi\rho}$$

内外导体之间区域的磁感应强度为

$$B=\mu_0 H=\frac{\mu_0 I}{2\pi\rho}$$

如图 5-2 所示，选取与轴线平行，长为 1m，宽为 $\mathrm{d}\rho$ 的长方形为面元，则通过面元的磁链为

$$\mathrm{d}\psi=B\mathrm{d}s=\frac{\mu_0 I}{2\pi\rho}\cdot 1\cdot \mathrm{d}\rho$$

通过内外导体间区域的磁链为

$$\psi=\int_a^b \mathrm{d}\psi=\int_a^b \frac{\mu_0 I}{2\pi\rho}\cdot 1\cdot \mathrm{d}\rho=\frac{\mu_0 I}{2\pi}\ln\left(\frac{b}{a}\right)$$

根据定义式，可得自感为

$$L=\frac{\psi}{I}=\frac{\mu_0}{2\pi}\ln\left(\frac{b}{a}\right)$$

备注：(1)此题求解的自感属于外自感。如果计算内自感，则应用内芯区域的磁通量除以对应的电流强度，可得单位长度的内自感为 $\mu_0/8\pi$，有兴趣的可以自行验证；(2)此题的外自感没有考虑外导体以外区域的磁链，这是因为两导体

电流等量反向，应用磁场环路定理求磁场强度，会得到 $H=0$ 的结果，进而磁链为零，不影响外自感。

从以上两个例题的结果可以看出：自感是只与回路结构、形状和尺寸以及介质情况相关的物理量，自感的大小与回路是否通电无关。

### 5.2.2　互感

互感现象是指一个回路电流变化时，在另一个回路中引起的电磁感应现象。设一个回路中通有电流 $I_1$，它在另一个回路中产生的磁链为 $\psi_2$，则互感定义为

$$M_{21}=\frac{\psi_2}{I_1} \tag{5-11}$$

互感的求解方法如下：

(1) 设其中一个回路中通有电流强度为 $I_1$；

(2) 计算第一个回路电流在另一个回路区域产生的磁链 $\psi_2$；

(3) 根据互感定义式(5-11)计算互感。

**例题 5-7**　一根无限长直导线附近平行共面放置一矩形导线回路，如图 5-4 所示。试求：二者之间的互感。

**解**　设直导线中通有电流强度为 $I_1$，根据无限长直导线周围磁场的分布特点，为计算矩形线圈的磁链，应取与直导线平行的长度为 $c$、宽度为 $\mathrm{d}x$ 的面元，面元中的磁链为

$$\mathrm{d}\psi_2=B\mathrm{d}s=\frac{\mu_0 I_1}{2\pi x}\cdot c\cdot \mathrm{d}x$$

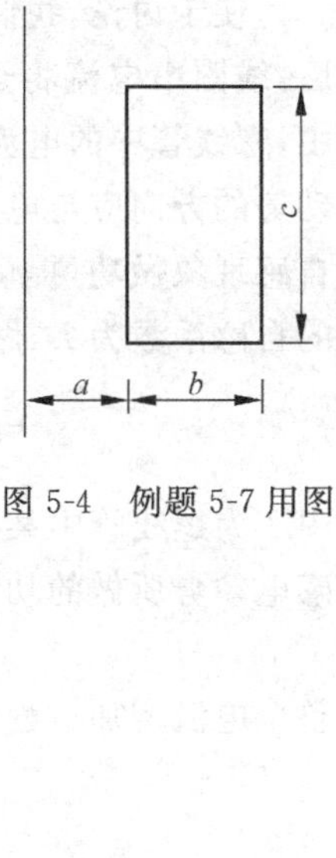

图 5-4　例题 5-7 用图

整个矩形线圈的磁链为

$$\begin{aligned}\psi_2&=\int_a^{a+b}\mathrm{d}\psi_2\\&=\int_a^{a+b}\frac{\mu_0 I_1}{2\pi x}\cdot c\cdot \mathrm{d}x\\&=\frac{\mu_0 I_1 c}{2\pi}\ln\left(\frac{a+b}{a}\right)\end{aligned}$$

根据互感定义式，可得直导线与矩形线圈的互感为

$$M_{21}=\frac{\psi_2}{I_1}=\frac{\mu_0 c}{2\pi}\ln\left(\frac{a+b}{a}\right)$$

从结果可以看出：互感也是只与回路的结构、材料、形状、尺寸及介质情况相关的物理量，互感的大小与回路是否通有电流无关。

# 5.3 磁场能量

根据普通物理电磁学知识可知，电流回路在恒定磁场中要受到磁场力的作用而运动，这表明恒定磁场储存着能量。

本节在分析磁场能量由来基础上，以直螺线管磁场建立过程为例，分析磁场能量的一般表达式。

## 5.3.1 长直螺线管磁场的能量

磁场能量是在建立电流的过程中由电源供给的，因为电流从零开始增加时，回路中由于自感现象而产生的感应电动势要阻止电流的增加，因而，必须有外加电压克服回路中的感应电动势，才能保证电流的增加。外加电压克服感应电动势做的功就转化为系统的磁场能量。

我们以长度为 $l$、截面积为 $S$、密绕 $N$ 匝线圈的直螺线管为例，研究螺线管中磁场建立过程中电源克服自感电动势所做的功，从而得出磁场能量的关系式。

为便于讨论，我们设螺线管周围不存在铁磁质，如图 5-5 所示。当电键合上之后，线圈中电流将逐渐增加，最后达到稳定值 $I_0$。在此过程中，螺线管中的电流随时间变化，因而产生自感现象，自感电动势的方向应与电源电动势的方向相反，电源电动势要克服自感现象做功，提供的电压应为感应电动势大小。设螺线管的自感系数为 $L$，做功电压为

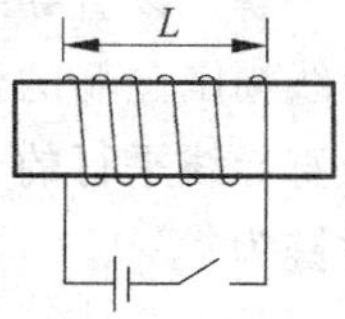


图 5-5　磁场能量

$$\varepsilon_i=\varepsilon_L=\frac{\mathrm{d}\psi}{\mathrm{d}t}=\frac{\mathrm{d}(LI)}{\mathrm{d}t}=L\,\frac{\mathrm{d}I}{\mathrm{d}t}$$

式中 $I$ 为螺线管中某一瞬时的电流值。根据焦耳定律，在 $\mathrm{d}t$ 时间内，电源克服自感电动势所做的功大小为

$$\mathrm{d}A=\varepsilon_L I\,\mathrm{d}t=LI\mathrm{d}I$$

在整个电流增加过程中，电源所做的总功为

$$A=\int_0^t \mathrm{d}A=\int_0^{I_0} LI\,\mathrm{d}I=\frac{1}{2}LI_0^2$$

电源所做的功全部转化为螺线管中磁场的能量，则螺线管中磁场的能量为

$$W_{\mathrm{m}}=\frac{1}{2}LI_0^2 \tag{5-12}$$

由式(5-12)可以看出，长直螺线管中的磁场能量与螺线管的自感系数、螺线管中通有的电流强度有关，自感系数越大，通有的电流强度越大，其内储存的能量越大。

### 5.3.2　磁场能量密度　磁场能量

考虑长直螺线管的自感系数 $L=\dfrac{\mu_0 N^2 S}{l}$，通有电流 $I_0$ 时相应磁场的磁感应强度 $B=\mu_0 n I_0=\mu_0 \dfrac{N}{l} I_0$，代入式(5-12)可得

$$W_{\mathrm{m}}=\frac{1}{2}LI_0^2=\frac{1}{2}\frac{\mu_0 N^2 S}{l}\left(\frac{Bl}{\mu_0 N}\right)^2=\frac{1}{2}\frac{B^2}{\mu_0}lS$$

式中，$lS$ 为螺线管的体积，用 $V$ 表示，则 $V=lS$，代入上式，得螺线管中单位体积的磁场能量为

$$w_{\mathrm{m}}=\frac{W_{\mathrm{m}}}{V}=\frac{1}{2}\frac{B^2}{\mu_0}$$

若螺线管内不是真空，而是充满磁导率为 $\mu$ 的磁介质，则此式可修改为

$$w_{\mathrm{m}}=\frac{W_{\mathrm{m}}}{V}=\frac{1}{2}\frac{B^2}{\mu} \tag{5-13}$$

式(5-13)称为**磁场能量体密度**公式，此式虽然是由长直螺线管情况推导得来，但可以证明(证明从略)，此式广泛适用于其他任何情况的磁场。另外，考虑磁场中可能存在不同的磁介质，根据磁场强度大小 $H$ 和磁感应强度大小 $B$ 之间的关系，$B=\mu H$，代入式(5-13)中，可得实际计算中常用的磁场能量体密度公式

$$w_{\mathrm{m}}=\frac{1}{2}BH=\frac{1}{2}\boldsymbol{B}\cdot\boldsymbol{H}=\frac{1}{2}\mu H^2 \tag{5-14}$$

对于非均匀磁场，如果磁场分布已知，则可求得磁场中某处的磁场能量体密度，进而对磁场能量体密度的体积分得整个磁场的能量为

$$W_{\mathrm{m}}=\int_V w_{\mathrm{m}}\,\mathrm{d}v=\int_V \frac{1}{2}BH\,\mathrm{d}v \tag{5-15}$$

**例题 5-8**　一无限长同轴电缆，内外半径分别为 $a$、$b$，外导体厚度忽略不计，电缆中通有电流强度为 $I$，内导体磁导率设为 $\mu_0$，两导体之间充满磁导率为 $\mu$ 的磁介质。试求：单位长度电缆内贮存的磁场能量。

**解**　根据例题 5-5 可知，同轴电缆 $a\leqslant\rho\leqslant b$ 的区域，磁场强度大小为

$$H=\frac{I}{2\pi\rho}$$

则磁场能量体密度为

$$w_{\mathrm{m1}}=\frac{1}{2}\mu H^2=\frac{1}{2}\cdot\mu\left(\frac{I}{2\pi\rho}\right)^2=\frac{1}{8}\frac{\mu I^2}{\pi^2\rho^2}$$

由此式可知，到轴线等距离处磁场能量密度相同，因此在电缆中取底面内半径为 $\rho$，宽度为 $\mathrm{d}\rho$，高为 1m 的同轴圆柱体为体积元，对应体积为 $\mathrm{d}v=2\pi\rho\mathrm{d}\rho$。对磁场

能量体密度进行体积分，得单位长度内电缆中的磁场能量为

$$W_{m1}=\int_V w_{m1}\,dv=\int_a^b \frac{\mu I^2}{8\pi^2\rho^2}\cdot 2\pi\rho d\rho=\frac{\mu I^2}{4\pi}\ln\frac{b}{a}$$

对于内导体区域，采用与例题 5-5 相同方法可得磁场强度为

$$\oint_L \boldsymbol{H}\cdot d\boldsymbol{l}=H\cdot 2\pi\rho$$

$$\int_S \boldsymbol{J}_c\cdot d\boldsymbol{s}=I\frac{\pi\rho^2}{\pi a^2}=I\frac{\rho^2}{a^2}$$

即
$$H\cdot 2\pi\rho=I\frac{\rho^2}{a^2}$$

解方程得
$$H=\frac{I\rho}{2\pi a^2}$$

能量密度为

$$w_{m2}=\frac{1}{2}\mu_0 H^2=\frac{1}{2}\cdot\mu_0\left(\frac{I\rho}{2\pi a^2}\right)^2=\frac{1}{8}\frac{\mu_0 I^2\rho^2}{\pi^2 a^4}$$

取与 $0\leqslant\rho<a$ 同类的体积元，积分得内导体区域单位长度的磁场能量为

$$W_{m2}=\int_V w_{m2}\,dv=\int_0^a \frac{\mu_0 I^2\rho^2}{8\pi^2 a^4}\cdot 2\pi\rho d\rho=\frac{\mu_0 I^2}{16\pi}$$

单位长度同轴电缆储存的磁场能量为

$$W_m=W_{m1}+W_{m2}=\frac{\mu I^2}{4\pi}\ln\frac{b}{a}+\frac{\mu_0 I^2}{16\pi}$$

## 小结

本章主要研究恒定电流产生的磁场的基本方程及边界条件，介绍电感的定义和求解方法，以及磁场能量等问题。

**1. 恒定磁场的基本方程及边界条件**

1) 基本方程

(1) 环路定理的积分形式 $\oint_L \boldsymbol{H}\cdot d\boldsymbol{l}=\int_S \boldsymbol{J}_c\cdot d\boldsymbol{s}$

(2) 高斯定理的积分形式 $\oint_S \boldsymbol{B}\cdot d\boldsymbol{s}=0$

(3) 环路定理的微分形式 $\nabla\times\boldsymbol{H}=\boldsymbol{J}_c$

(4) 高斯定理的微分形式 $\nabla\cdot\boldsymbol{B}=0$

2) 本构关系 $\boldsymbol{B}=\mu\boldsymbol{H}=\mu_r\mu_0\boldsymbol{H}$

3）边界条件

（1）切向边界条件　　$H_{1t}-H_{2t}=J_s$

（2）法向边界条件　　$B_{1n}=B_{2n}$

**2. 电感**

1）自感　　$L=\frac{\psi}{I}$

2）互感　　$M_{21}=\frac{\psi_2}{I_1}$

**3. 磁场能量**

1）磁场能量密度　　$w_{\mathrm{m}}=\frac{W_{\mathrm{m}}}{V}=\frac{1}{2}\frac{B^2}{\mu}=\frac{1}{2}BH=\frac{1}{2}\boldsymbol{B}\cdot\boldsymbol{H}=\frac{1}{2}\mu H^2$

2）磁场能量　　$W_{\mathrm{m}}=\int_V w_{\mathrm{m}}\mathrm{d}v=\int_V\frac{1}{2}BH\mathrm{d}v$

## 习题 5

5-1　两同轴薄长直铜管，内铜管截面半径为 $a$，沿轴线方向通有电流 $I_1$，外铜管截面半径为 $b$，沿轴线方向通有电流 $I_2$，$I_1$，$I_2$ 流向相同。设电流在铜管表面都均匀分布，且空间各区域磁导率都为 $\mu_0$，试求：空间各点的磁感应强度。

5-2　空心长直铜管的内、外半径分别为 $a$、$b$，铜管中有电流 $I$ 沿轴线通过，电流在截面上均匀分布。试求：(1)各区域的磁感应强度；(2)$a\leqslant\rho\leqslant b$ 区域磁场强度的旋度。

5-3　$x<0$ 区域定义为区域 1，$\mu_{r1}=1.0$，$x>0$ 区域定义为区域 2，$\mu_{r2}=4.0$，在边界面 $x=0$ 上无电流，已知 $\boldsymbol{H}_1=8.0\boldsymbol{i}+10.0\boldsymbol{j}$ (A/m)。试求 $\boldsymbol{H}_2$。

5-4　$\mu_{r1}=4$ 的 $z<0$ 区域定义为区域 1，$\mu_{r2}=3$ 的 $z>0$ 区域定义为区域 2。已知在边界面附近 $\boldsymbol{B}_1=22.0\mu_0\boldsymbol{i}+24.0\mu_0\boldsymbol{k}$ (A/m)，$\boldsymbol{B}_2=42.5\mu_0\boldsymbol{i}+24.0\mu_0\boldsymbol{k}$ (A/m)。试求：边界面上电流密度。

5-5　同轴电缆内导体半径为 $a=2\mathrm{mm}$，外导体半径为 $b=9\mathrm{mm}$ 内外导体之间磁介质为聚乙烯。试求：单位长度的自感。

5-6　半径为 $a=1\mathrm{mm}$ 平行双导线，轴线之间的距离为 $D=12\mathrm{mm}$。试求：单位长度的自感。

5-7　空气芯长直螺线管长 $l$，截面半径为 $a$，共绕 $N$ 匝线圈。试求：自感。

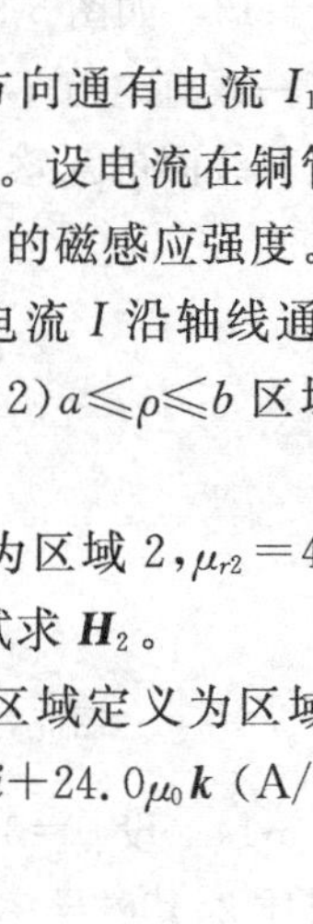

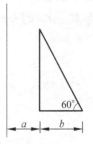

图 5-6　习题 5-8 用图

5-8　如图 5-6 所示，长直导线与直角三角形导线回路共面，三角形的一边与直导线平行。试求：二者之间的互感。

5-9　通电直导线横截面半径为 3mm，磁导率设为 $\mu_0$。试求：导线通有电流强度为 10A 时，单位长度导线内部的磁场能量。

5-10　试判断下列矢量函数中哪些可能是磁场的场矢量，如果是，则求其对应的场源电流体密度 $\boldsymbol{J}$。

(1) $\boldsymbol{H}=\boldsymbol{e}_r ar, \boldsymbol{B}=\mu_0\boldsymbol{H}$（柱面坐标系）

(2) $\boldsymbol{H}=\boldsymbol{e}_x(-ay)+\boldsymbol{e}_y ax, \boldsymbol{B}=\mu_0\boldsymbol{H}$

(3) $\boldsymbol{H}=\boldsymbol{e}_x ax-e_y ay, \boldsymbol{B}=\mu_0\boldsymbol{H}$

(4) $\boldsymbol{H}=\boldsymbol{e}_\phi ar, \boldsymbol{B}=\mu_0\boldsymbol{H}$（球面坐标系）

5-11　如图 5-7 所示，无限长直线电流 $I$ 平行于磁导率分别为 $\mu_1$ 和 $\mu_2$ 的两种磁介质的分界面，试求：两种磁介质中的磁感应强度 $\boldsymbol{B}_1$ 和 $\boldsymbol{B}_2$。

5-12　已知一个平面电流回路在真空中产生的磁场强度为 $\boldsymbol{H}_0$，若此平面电流回路位于磁导率分别为 $\mu_1$ 和 $\mu_2$ 的两种均匀磁介质的分界平面上，试求：两种磁介质中的磁场强度 $\boldsymbol{H}_1$ 和 $\boldsymbol{H}_2$。

5-13　如图 5-8 所示，通有电流 $I_1$ 的平行直导线，两轴线距离为 $d$，两导线间有一载有电流 $I_2$ 的矩形线圈，导线与线圈共面且平行放置。试求：两平行直导线对线圈的互感。

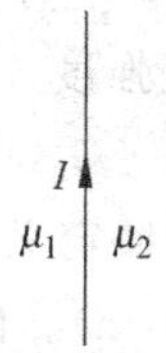


图 5-7　习题 5-11 用图

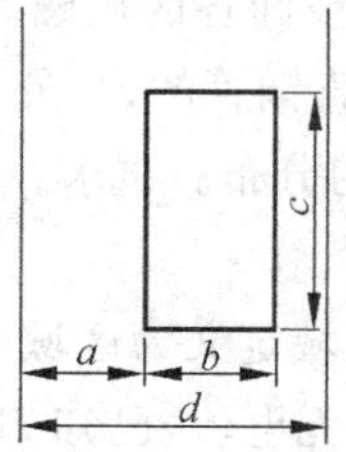


图 5-8　习题 5-13 用图

5-14　设 $y=0$ 为两种磁介质的分界面，$y<0$ 为媒质 1，其磁导率为 $\mu_1$，$y>0$ 为媒质 2，其磁导率为 $\mu_2$，分界面上电流面密度为 $\boldsymbol{J}_s=2\boldsymbol{i}$ A/m，媒质 1 中磁场强度为 $\boldsymbol{H}_1=\boldsymbol{i}+2\boldsymbol{j}+3\boldsymbol{k}$ A/m。试求：媒质 2 中磁场强度 $\boldsymbol{H}_2$。

# 第6章 时变电磁场

第3、4、5三章研究的电磁场都是静态场，即描述场的矢量不随时间变化。但我们所遇到的现实问题中，电磁场往往是随时间变化的。描述场的矢量随时间变化的电磁场称为时变电磁场。

在时变电磁场中，如果场源以一定的角频率随时间呈时谐(正弦或余弦)变化，则所产生的电磁场也以同样的角频率随时间呈时谐变化。这种以一定角频率作时谐变化的电磁场，称为时谐电磁场或正弦电磁场。在工程上，应用最多的时变电磁场是时谐场，例如，广播、电视、通信的载波都是时谐电磁波。同时，任意的时变电磁场在一定的条件下都可以通过傅里叶分析方法展开为不同频率的时谐场的叠加，因此，研究时谐电磁场是学习时变电磁场中最重要最基本的内容。

本章首先介绍时谐场中场矢量的表达形式——复矢量，然后介绍用复矢量表达的时谐场中的基本方程及应用，最后探讨时谐场中的能量关系。

## 6.1 时谐电磁场的复数表示

时谐电磁场的场矢量都是随时间以相同的角频率变化，如果用复数形式表达这些场矢量，将给运算和分析带来许多便利，因而，本节将在复习数学的复数表示形式的基础上，介绍矢量的复数表示形式——复矢量，并探讨场矢量的瞬时值形式和复数形式之间的转换关系。

### 6.1.1 复数

复数 $z$ 定义为

$$z=a+\mathrm{j}b=|z|\mathrm{e}^{\mathrm{j}\varphi}=|z|(\cos\phi+\mathrm{j}\sin\phi) \tag{6-1}$$

式(6-1)中，j 为虚数单位，且 $\mathrm{j}^2=\mathrm{j}\times\mathrm{j}=-1$；$a$，$b$ 是任意实数。实数 $a$ 称为复数 $z$ 的**实部**，记作 $\mathrm{Re}[z]=a$；实数 $b$ 称为复数 $z$ 的**虚部**，记作 $\mathrm{Im}[z]=b$；$|z|$ 称为该复

数的模，$|z|=\sqrt{a^2+b^2}$；$\phi$ 称为 $z$ 的**辐角**；此式的三个等号后面分别给出了复数的三种表达形式，后两者分别称为复数的 e **指数形式**和复数的**三角函数形式**。在分析和运算中，这三种形式各有优长，比如进行两个复数相乘及微积分运算时，使用复数的 e 指数形式就非常方便，而在分析周期频率等问题时，使用三角函数形式比较方便，所以使用时采用哪种形式，根据实际情况而定。

如果两个复数的实部相等，虚部互为相反数，则称这两个复数互为**共轭复数**。复数 $z$ 的共轭复数记作 $\bar{z}$，即复数 $z=a+\mathrm{j}b$ 的共轭复数为 $\bar{z}=a-\mathrm{j}b$。根据复数和共轭复数的关系，可得到两个比较常用的共轭复数性质(证明从略，有兴趣的读者可自行推导)

$$|z|=|\bar{z}| \tag{6-2}$$

$$z\cdot\bar{z}=|z|^2 \tag{6-3}$$

### 6.1.2 复矢量

时谐电磁场中的场矢量都是随时间按照正弦或者余弦规律变化的，因而这些矢量可以看成是复数的实部或者虚部，即用复数形式表达这些场矢量，这样的场矢量称为**复矢量**。场矢量表达成复矢量之后，可以利用复数的三种表达形式之间的关系，把场矢量用适当形式给予表达，这会使得时谐场的分析和运算得到许多的便利和简化(在交流电路理论中，这种方法称为相量表示法)。

下面以仅有 $x$ 轴分量的时谐电场场强的表达式为例，介绍复矢量的表达形式的形成，以及场量的复矢量形式与瞬时值形式之间的变换关系。在时谐电磁场中，场矢量的任一坐标分量不仅是随空间变化的函数，而且是随时间变化的函数。如随时间按余弦规律变化的电场场强 $\boldsymbol{E}$ 的 $x$ 轴分量一般表示式为

$$E_x=E_{xm}\cos(\omega t+\phi_x) \tag{6-4}$$

式中，$E_{xm}$、$\phi_x$ 分别称为振幅(或幅值)和初相位，这两个量是随空间坐标变化的函数，不随时间变化；$\omega$ 称为角频率，是由场源决定的量，不随时间和空间变化，根据角频率可求得 $\boldsymbol{E}$ 的 $x$ 轴分量变化的周期为 $T=2\pi/\omega$，频率为 $f=\omega/2\pi$。

引入数学的复数表达方式，式(6-4)可表示为

$$\begin{aligned}E_x&=\mathrm{Re}[E_{xm}\cos(\omega t+\phi_x)+\mathrm{j}E_{xm}\sin(\omega t+\phi_x)]\\&=\mathrm{Re}[E_{xm}\mathrm{e}^{\mathrm{j}(\omega t+\phi_x)}]\\&=\mathrm{Re}[E_{xm}\mathrm{e}^{\mathrm{j}\phi_x}\mathrm{e}^{\mathrm{j}\omega t}]\end{aligned}$$

令 $\dot{E}_x=E_{xm}\mathrm{e}^{\mathrm{j}\phi_x}$，则上式可表示为

$$E_x=\mathrm{Re}[\dot{E}_x\mathrm{e}^{\mathrm{j}\omega t}] \tag{6-5}$$

式(6-5)中，$\dot{E}_x=E_{xm}\mathrm{e}^{\mathrm{j}\phi_x}$ 称为**复振幅**(交流电路中的相量)。

如果场强含有三个坐标轴的分量，则用此方法，把其他坐标轴方向的分量表达出来，就得到场矢量的复数形式——复矢量形式。

$$\begin{aligned}\boldsymbol{E} &= E_x\boldsymbol{i}+E_y\boldsymbol{j}+E_z\boldsymbol{k}\\ &=\mathrm{Re}[\dot{E}_x\mathrm{e}^{\mathrm{j}\omega t}\boldsymbol{i}+\dot{E}_y\mathrm{e}^{\mathrm{j}\omega t}\boldsymbol{j}+\dot{E}_z\mathrm{e}^{\mathrm{j}\omega t}\boldsymbol{k}]\\ &=\mathrm{Re}[(E_{xm}\mathrm{e}^{\mathrm{j}\phi_x}\boldsymbol{i}+E_{ym}\mathrm{e}^{\mathrm{j}\phi_y}\boldsymbol{j}+E_{zm}\mathrm{e}^{\mathrm{j}\phi_z}\boldsymbol{k})\mathrm{e}^{\mathrm{j}\omega t}]\\ &=\mathrm{Re}[\dot{\boldsymbol{E}}\mathrm{e}^{\mathrm{j}\omega t}]\end{aligned}\tag{6-6}$$

式(6-6)中，$\dot{\boldsymbol{E}}=E_{xm}\mathrm{e}^{\mathrm{j}\phi_x}\boldsymbol{i}+E_{ym}\mathrm{e}^{\mathrm{j}\phi_y}\boldsymbol{j}+E_{zm}\mathrm{e}^{\mathrm{j}\phi_z}\boldsymbol{k}$ 称为**场矢量的复数形式**，简称**复矢量**；相对应的，$\boldsymbol{E}=E_x\boldsymbol{i}+E_y\boldsymbol{j}+E_z\boldsymbol{k}$ 称为场矢量的**瞬时值形式**，场矢量的瞬时值形式和复矢量形式是一一对应的，式(6-6)给出了场矢量的瞬时值形式和复矢量形式之间的换算关系。应用中，瞬时值形式常展开写为

$$\boldsymbol{E}=E_{xm}\cos(\omega t+\phi_x)\boldsymbol{i}+E_{ym}\cos(\omega t+\phi_y)\boldsymbol{j}+E_{zm}\cos(\omega t+\phi_z)\boldsymbol{k}$$

**例题 6-1**　将下列场矢量的瞬时值形式转换为复矢量形式：

(1) $\boldsymbol{E}=E_{xm}\cos(\omega t-kz+\phi_x)\boldsymbol{i}$；

(2) $\boldsymbol{H}=H_0k\left(\frac{a}{\pi}\right)\sin\left(\frac{\pi x}{a}\right)\sin(kz-\omega t)\boldsymbol{j}$。

**解**　(1) 根据

$$\begin{aligned}\boldsymbol{E} &=\mathrm{Re}[E_{xm}\cos(\omega t-kz+\phi_x)\boldsymbol{i}+\mathrm{j}E_{xm}\sin(\omega t-kz+\phi_x)\boldsymbol{i}]\\ &=\mathrm{Re}[E_{xm}\mathrm{e}^{\mathrm{j}(\omega t-kz+\phi_x)}\boldsymbol{i}]\\ &=\mathrm{Re}[E_{xm}\mathrm{e}^{\mathrm{j}(-kz+\phi_x)}\boldsymbol{i}\mathrm{e}^{\mathrm{j}\omega t}]\\ &=\mathrm{Re}[\dot{\boldsymbol{E}}\mathrm{e}^{\mathrm{j}\omega t}]\end{aligned}$$

可得对应的复数形式(复矢量)为

$$\dot{\boldsymbol{E}}=E_{xm}\mathrm{e}^{\mathrm{j}(-kz+\phi_x)}\boldsymbol{i}$$

(2) 根据 $\sin(kz-\omega t)=\cos\left(kz-\omega t-\frac{\pi}{2}\right)=\cos\left(\omega t+\frac{\pi}{2}-kz\right)$，已知可变为

$$\begin{aligned}\boldsymbol{H} &=H_0k\left(\frac{a}{\pi}\right)\sin\left(\frac{\pi x}{a}\right)\cos\left(\omega t+\frac{\pi}{2}-kz\right)\boldsymbol{j}\\ &=\mathrm{Re}\left[H_0k\left(\frac{a}{\pi}\right)\sin\left(\frac{\pi x}{a}\right)\mathrm{e}^{\mathrm{j}\left(\omega t+\frac{\pi}{2}-kz\right)}\boldsymbol{j}\right]\\ &=\mathrm{Re}\left[H_0k\left(\frac{a}{\pi}\right)\sin\left(\frac{\pi x}{a}\right)\mathrm{e}^{\mathrm{j}\left(\frac{\pi}{2}-kz\right)}\boldsymbol{j}\mathrm{e}^{\mathrm{j}\omega t}\right]\end{aligned}$$

可得对应的复数形式(复矢量)为

$$\dot{\boldsymbol{H}}=H_0k\left(\frac{a}{\pi}\right)\sin\left(\frac{\pi x}{a}\right)\mathrm{e}^{\mathrm{j}\left(\frac{\pi}{2}-kz\right)}\boldsymbol{j}$$

**例题 6-2**　已知电场强度复矢量为 $\dot{\boldsymbol{E}}=\mathrm{j}E_{xm}\cos(kz)\boldsymbol{i}$，式中 $E_{xm}$ 和 $k$ 为常实

数。试求：电场强度的瞬时值。

解 $\boldsymbol{E}=\mathrm{Re}[\dot{\boldsymbol{E}}\mathrm{e}^{\mathrm{j}\omega t}]$

$$=\mathrm{Re}[\mathrm{j}E_{x\mathrm{m}}\cos(kz)\boldsymbol{i}\mathrm{e}^{\mathrm{j}\omega t}]$$

$$=\mathrm{Re}[E_{x\mathrm{m}}\cos(kz)\mathrm{e}^{\mathrm{j}\left(\omega t+\frac{\pi}{2}\right)}\boldsymbol{i}]$$

$$=E_{x\mathrm{m}}\cos(kz)\cos\left(\omega t+\frac{\pi}{2}\right)\boldsymbol{i}$$

上式中，$\mathrm{j}=\cos\frac{\pi}{2}+\mathrm{j}\sin\frac{\pi}{2}=\mathrm{e}^{\mathrm{j}\frac{\pi}{2}}$。

复矢量只是一种矢量的数学表达形式，它只与空间有关，而与时间无关。复矢量不是真实的场矢量，真实的场矢量是与之对应的瞬时值，而且，只有频率相同的时谐场之间才能使用复矢量的表达形式进行相关的运算。我们引入复矢量是想利用 e 的指数运算规则来简化时谐场中的一些微积分运算问题，这点将在下节中展开分析。

## 6.2 复矢量的麦克斯韦方程组

本节首先分析复矢量的微分与积分运算规则，然后介绍复矢量形式的麦克斯韦方程组及其应用，并把复矢量形式的麦克斯韦方程组与瞬时值形式的麦克斯韦方程组进行对比，分析它们在分析问题时的异同及优长。

### 6.2.1 复矢量的微积分运算规则

把时谐电磁场中的场矢量表达成复数形式后，对于场矢量的微积分运算，运用复矢量要比运用瞬时值形式简单得多。下面以场强为例做一简单分析。

设某一时谐场中电场强度的瞬时值表达形式为

$$\boldsymbol{E}=E_0\cos(\omega t+\phi_x)\boldsymbol{i}$$

若进行场强对时间的偏微分运算，计算过程如下：

$$\frac{\partial \boldsymbol{E}}{\partial t}=\frac{\partial[E_0\cos(\omega t+\phi_x)]}{\partial t}\boldsymbol{i}$$

$$=-E_0\omega\sin(\omega t+\phi_x)\boldsymbol{i} \tag{6-7}$$

若根据复矢量与瞬时值形式之间的关系 $\boldsymbol{E}=\mathrm{Re}[\dot{\boldsymbol{E}}\mathrm{e}^{\mathrm{j}\omega t}]$，写出电场强度对应的复矢量 $\dot{\boldsymbol{E}}=E_0\mathrm{e}^{\mathrm{j}\phi_x}\boldsymbol{i}$，再对场矢量进行时间的偏微分运算，并考虑复矢量不是随时间变化的函数，微分运算时当常量处理，则计算过程如下：

$$\frac{\partial}{\partial t}\mathrm{Re}[\dot{\boldsymbol{E}}\mathrm{e}^{\mathrm{j}\omega t}]=\mathrm{Re}\left[\frac{\partial}{\partial t}(\dot{\boldsymbol{E}}\mathrm{e}^{\mathrm{j}\omega t})\right]=\mathrm{Re}[\mathrm{j}\omega\dot{\boldsymbol{E}}\mathrm{e}^{\mathrm{j}\omega t}] \tag{6-8}$$

由式(6-8)可以看出，使用复矢量进行微分运算时，其结果就是在已知表达式基础上乘以“jω”算子，同理可知(有兴趣的可自行证明)，如果进行积分运算，其结果就是在已知表达式基础上除以“jω”算子，可见，引入复矢量之后，对场矢量的微积分运算可转化为乘除运算进行，计算难度得以减低，式(6-8)与式(6-7)进行的微分运算对比，可以生动地证明这一点。正是基于这一优点，使用麦克斯韦方程组分析时谐场相关问题时，我们采用对应的复矢量形式，而不采用瞬时值形式。

### 6.2.2　复矢量的麦克斯韦方程组

由第 2 章内容可知，用瞬时值形式表示的麦克斯韦方程组的五个微分方程为

$$\nabla\times\boldsymbol{E}=-\frac{\partial\boldsymbol{B}}{\partial t}$$

$$\nabla\times\boldsymbol{H}=\boldsymbol{J}_c+\frac{\partial\boldsymbol{D}}{\partial t}$$

$$\nabla\cdot\boldsymbol{B}=0$$

$$\nabla\cdot\boldsymbol{D}=\rho_v$$

$$\nabla\cdot\boldsymbol{J}=-\frac{\partial\rho_v}{\partial t}$$

下面以第一个微分方程为例，推导复矢量形式的微分方程。首先，把方程中的场矢量分别表示成对应的复矢量形式，即

$$\boldsymbol{E}=\mathrm{Re}[\dot{\boldsymbol{E}}\mathrm{e}^{\mathrm{j}\omega t}]$$

$$\boldsymbol{B}=\mathrm{Re}[\dot{\boldsymbol{B}}\mathrm{e}^{\mathrm{j}\omega t}]$$

然后，把上两式代入微分方程中，则麦克斯韦方程组的第一微分方程变形为

$$\nabla\times\mathrm{Re}[\dot{\boldsymbol{E}}\mathrm{e}^{\mathrm{j}\omega t}]=-\frac{\partial}{\partial t}\mathrm{Re}[\dot{\boldsymbol{B}}\mathrm{e}^{\mathrm{j}\omega t}]$$

接下来，交换此式左侧的矢量微分运算和取实部运算的顺序(根据复数运算规则，矢量微分算子“∇”与取实部符号 Re 交换顺序，不改变结果)，同时，根据式(6-8)得出的规律对此式的右侧进行复矢量的微分运算，可得

$$\mathrm{Re}[\nabla\times\dot{\boldsymbol{E}}\mathrm{e}^{\mathrm{j}\omega t}]=-\mathrm{Re}[\mathrm{j}\omega\dot{\boldsymbol{B}}\mathrm{e}^{\mathrm{j}\omega t}]$$

对于任何时间，此式都成立，则可省去两侧的取实部符号，即

$$\nabla\times\dot{\boldsymbol{E}}\mathrm{e}^{\mathrm{j}\omega t}=-\mathrm{j}\omega\dot{\boldsymbol{B}}\mathrm{e}^{\mathrm{j}\omega t}$$

约去两侧共同的因数 $\mathrm{e}^{\mathrm{j}\omega t}$，可得

$$\nabla\times\dot{\boldsymbol{E}}=-\mathrm{j}\omega\dot{\boldsymbol{B}} \tag{6-9}$$

式(6-9)即为复矢量形式的麦克斯韦方程组微分形式的第一个方程。

用同样的方法可以得到其他四个微分方程的复矢量形式分别为(推导过程从略)

$$\nabla\times\dot{\boldsymbol{H}}=\dot{\boldsymbol{J}}_c+\mathrm{j}\omega\dot{\boldsymbol{D}} \tag{6-10}$$

$$\nabla\cdot\dot{\boldsymbol{B}}=0 \tag{6-11}$$

$$\nabla\cdot\dot{\boldsymbol{D}}=\dot{\rho}_v \tag{6-12}$$

$$\nabla\cdot\dot{\boldsymbol{J}}=-\mathrm{j}\omega\dot{\rho}_v \tag{6-13}$$

式(6-9)~式(6-13)合称为**复矢量形式的麦克斯韦方程组的微分形式**。关于这组方程,我们强调几点如下:

(1) 本书中为了强调它与瞬时值形式的区别,在每个矢量的上面加了"·"。实际上,对比复矢量形式的方程与瞬时值形式的方程可以发现,二者存在明显的区别,因而,许多教材中就省去了表达复数形式的"·",这也是可以的。

(2) 对比复矢量形式的方程和瞬时值形式的方程,还可以发现,复矢量形式的方程中没有偏微分运算,降低了计算的难度,这正是我们引入复矢量的意义。

(3) 从复数形式的麦克斯韦方程组微分形式我们容易看出,时变电磁场中,电场强度和磁场强度的方向是彼此相互垂直的。

用同样的方法(推导过程从略),我们还可以得出**复矢量形式本构关系**的几个方程为

$$\dot{\boldsymbol{D}}=\varepsilon\dot{\boldsymbol{E}} \tag{6-14}$$

$$\dot{\boldsymbol{B}}=\mu\dot{\boldsymbol{H}} \tag{6-15}$$

$$\dot{\boldsymbol{J}}=\sigma\dot{\boldsymbol{E}} \tag{6-16}$$

**例题 6-3** 已知某卫星广播电视的视频信号在空中某点形成频率为 4GHz 的时谐电磁场,其磁场强度的复矢量为

$$\dot{\boldsymbol{H}}=0.01\mathrm{e}^{-\mathrm{j}(80\pi/3)z}\boldsymbol{j}\ \ (\mu\mathrm{A/m})$$

试求:(1)磁场强度的瞬时值;(2)电场强度的瞬时值。

**解** (1) 根据瞬时值形式和复矢量形式的变换关系,可得磁场强度的瞬时值表达式为

$$\begin{aligned}\boldsymbol{H}&=\mathrm{Re}[\dot{\boldsymbol{H}}\mathrm{e}^{\mathrm{j}\omega t}]\\&=\mathrm{Re}[0.01\mathrm{e}^{-\mathrm{j}(80\pi/3)z}\boldsymbol{j}\,\mathrm{e}^{\mathrm{j}\omega t}]\\&=\mathrm{Re}[0.01\mathrm{e}^{\mathrm{j}\omega t-\mathrm{j}(80\pi/3)z}\boldsymbol{j}]\\&=0.01\cos[\omega t-(80\pi/3)z]\boldsymbol{j}\end{aligned}$$

频率为 $f=4\text{GHz}$,则得

$$\omega=2\pi f=2\pi\times4\times10^9=8\pi\times10^9$$

代入磁场强度瞬时值表达式,有

$$\boldsymbol{H}=0.01\cos[8\pi\times10^9t-(80\pi/3)z]\boldsymbol{j}\ (\mu\text{A/m})$$

(2) 根据 $\nabla\times\dot{\boldsymbol{H}}=\dot{\boldsymbol{J}}_c+\text{j}\omega\dot{\boldsymbol{D}}$, $\dot{\boldsymbol{D}}=\varepsilon\dot{\boldsymbol{E}}$ 及真空 $\varepsilon=\varepsilon_0=\dfrac{10^{-9}}{36\pi}$,无源区域电流密度为零 $\dot{\boldsymbol{J}}_c=0$,可得电场强度复矢量为

$$\begin{aligned}\dot{\boldsymbol{E}}&=\frac{\nabla\times\dot{\boldsymbol{H}}}{\text{j}\omega\varepsilon_0}\\&=-\frac{\text{j}}{8\pi\times10^9\times\dfrac{1}{36\pi}\times10^{-9}}\begin{vmatrix}\boldsymbol{i}&\boldsymbol{j}&\boldsymbol{k}\\\dfrac{\partial}{\partial x}&\dfrac{\partial}{\partial y}&\dfrac{\partial}{\partial z}\\0&0.01\text{e}^{-\text{j}(80\pi/3)z}&0\end{vmatrix}\\&=\frac{\text{j}}{8\pi\times10^9\times\dfrac{1}{36\pi}\times10^{-9}}\frac{\partial}{\partial z}[0.01\text{e}^{-\text{j}(80\pi/3)z}]\boldsymbol{i}\\&=1.2\pi\text{e}^{-\text{j}(80\pi/3)z}\boldsymbol{i}\end{aligned}$$

电场强度的瞬时值为

$$\boldsymbol{E}=\text{Re}[\dot{\boldsymbol{E}}\text{e}^{\text{j}\omega t}]=1.2\pi\cos[8\pi\times10^9t-(80\pi/3)z]\boldsymbol{i}\ (\mu\text{V/m})$$

**例题 6-4**　已知空气中电磁场的电场强度分量表达式为

$$\boldsymbol{E}=0.1\sin(10\pi x)\cos(6\pi\times10^9t-kz)\boldsymbol{j}\ (\text{V/m})$$

试求:(1)电场强度的复矢量;(2)磁场强度瞬时值表达式。

**解**　(1) 根据已知,可得电场强度的复矢量为

$$\dot{\boldsymbol{E}}=0.1\sin(10\pi x)\text{e}^{-\text{j}kz}\boldsymbol{j}\ (\text{V/m})$$

(2) 根据 $\nabla\times\dot{\boldsymbol{E}}=-\text{j}\omega\dot{\boldsymbol{B}}$, $\dot{\boldsymbol{B}}=\mu\dot{\boldsymbol{H}}$ 及空气中 $\mu=\mu_0=4\pi\times10^{-7}$,可得磁场强度复矢量为

$$\begin{aligned}\dot{\boldsymbol{H}}&=-\frac{\nabla\times\dot{\boldsymbol{E}}}{\text{j}\omega\mu_0}\\&=\frac{\text{j}}{6\pi\times10^9\times4\pi\times10^{-7}}\begin{vmatrix}\boldsymbol{i}&\boldsymbol{j}&\boldsymbol{k}\\\dfrac{\partial}{\partial x}&\dfrac{\partial}{\partial y}&\dfrac{\partial}{\partial z}\\0&0.1\sin(10\pi x)\text{e}^{-\text{j}kz}&0\end{vmatrix}\\&=\frac{\text{j}}{24}\times10^{-3}[\pi\cos(10\pi x)\text{e}^{-\text{j}kz}\boldsymbol{k}+0.1\text{j}k\sin(10\pi x)\text{e}^{-\text{j}kz}\boldsymbol{i}]\end{aligned}$$

磁场强度的瞬时值为

$$\boldsymbol{H}=\mathrm{Re}[\dot{\boldsymbol{H}}\mathrm{e}^{\mathrm{j}\omega t}]$$
$$=-4.2\times10^{-6}k\sin(10\pi x)\cos(6\pi\times10^{9}t-kz)\boldsymbol{i}$$
$$-1.3\times10^{-4}\cos(10\pi x)\sin(6\pi\times10^{9}t-kz)\boldsymbol{k}$$

根据麦克斯韦方程组我们可以进行电磁场中电场矢量和磁场矢量之间的相互求解，上面两个例题是利用复矢量形式的麦克斯韦方程进行的求解。在第 2 章学习时，我们用瞬时值形式的麦克斯韦方程组也进行过两种场矢量之间的相互求解，以例题 6-4 为例，若用瞬时值形式进行求解，过程如下。

根据麦克斯韦方程组瞬时值形式的微分方程$\nabla\times\boldsymbol{E}=-\frac{\partial\boldsymbol{B}}{\partial t}$，可得

$$\frac{\partial\boldsymbol{B}}{\partial t}=-\nabla\times\boldsymbol{E}$$
$$=\begin{vmatrix}\boldsymbol{i}&\boldsymbol{j}&\boldsymbol{k}\\\frac{\partial}{\partial x}&\frac{\partial}{\partial y}&\frac{\partial}{\partial z}\\0&E_y&0\end{vmatrix}$$
$$=-\frac{\partial E_y}{\partial z}\boldsymbol{i}+\frac{\partial E_y}{\partial x}\boldsymbol{k}$$
$$=-0.1k\sin(10\pi x)\sin(6\pi\times10^{9}t-kz)\boldsymbol{i}$$
$$+\pi\cos(10\pi x)\cos(6\pi\times10^{9}t-kz)\boldsymbol{k}$$

两侧积分，可得磁感应强度为

$$\boldsymbol{B}=\int-0.1k\sin(10\pi x)\sin(6\pi\times10^{9}t-kz)\mathrm{d}t\boldsymbol{i}$$
$$+\int\pi\cos(10\pi x)\cos(6\pi\times10^{9}t-kz)\mathrm{d}t\boldsymbol{k}$$
$$=\frac{0.1k\sin(10\pi x)}{6\pi\times10^{9}}\cos(6\pi\times10^{9}t-kz)\boldsymbol{i}$$
$$+\frac{\pi\cos(10\pi x)}{6\pi\times10^{9}}\sin(6\pi\times10^{9}t-kz)\boldsymbol{k}$$

根据磁场本构关系 $\boldsymbol{B}=\mu\boldsymbol{H}$，可得磁场强度的瞬时值为

$$\boldsymbol{H}=\frac{\boldsymbol{B}}{\mu}$$
$$=\frac{0.1k\sin(10\pi x)}{6\pi\times10^{9}\times4\pi\times10^{-7}}\cos(6\pi\times10^{9}t-kz)\boldsymbol{i}$$
$$+\frac{\pi\cos(10\pi x)}{6\pi\times10^{9}\times4\pi\times10^{-7}}\sin(6\pi\times10^{9}t-kz)\boldsymbol{k}$$
$$=-4.2\times10^{-6}k\sin(10\pi x)\cos(6\pi\times10^{9}t-kz)\boldsymbol{i}$$
$$-1.3\times10^{-4}\cos(10\pi x)\sin(6\pi\times10^{9}t-kz)\boldsymbol{k}\ \mathrm{A/m}$$

比较两种方法可以看出，用复矢量形式进行求解，涉及旋度计算；而用瞬时值形式求解，不仅涉及旋度计算，还涉及积分运算。显然后者运算量及难度都较大，这正是我们引入复矢量形式麦克斯韦方程组的意义。

# 6.3 电磁场能量 坡印廷矢量

电磁场是一种物质，它具有能量特征。例如，人们日常生活中使用的微波炉正是利用电磁波中的微波所携带的能量给食物加热的。

本节在总结静态电磁场能量的基础上，讨论时变电磁场中能量守恒与转换关系的定理——坡印廷定理，同时，介绍坡印廷矢量以及复数形式的坡印廷矢量。

## 6.3.1 静态电磁场能量

由第 3 章静电场的相关知识，我们知道静电场具有能量，场强为 $\boldsymbol{E}$ 的静电场中单位体积的能量（能量密度）

$$w_e=\frac{1}{2}DE=\frac{1}{2}\boldsymbol{D}\cdot\boldsymbol{E} \tag{6-17}$$

式中，$D$ 称为电位移矢量，$\boldsymbol{D}=\varepsilon\boldsymbol{E}$；能量密度的单位为 $\mathrm{J/m^3}$（焦耳每立方米）。

由第 5 章恒定磁场的相关知识，我们知道恒定磁场具有能量，磁场强度为 $\boldsymbol{H}$ 的恒定磁场中单位体积的能量（能量密度）

$$w_m=\frac{1}{2}BH=\frac{1}{2}\boldsymbol{B}\cdot\boldsymbol{H} \tag{6-18}$$

式中，$B$ 称为磁感应强度，$\boldsymbol{B}=\mu\boldsymbol{H}$；能量密度的单位为 $\mathrm{J/m^3}$（焦耳每立方米）。

如果空间既有电场又有磁场，则空间能量密度应为

$$w=w_e+w_m=\frac{1}{2}\boldsymbol{D}\cdot\boldsymbol{E}+\frac{1}{2}\boldsymbol{B}\cdot\boldsymbol{H} \tag{6-19}$$

静态场的各场矢量不随时间变化，因而，静态电场的能量也不随时间变化，是静态的。

## 6.3.2 时变电磁场能量——坡印廷矢量

由本章前两节内容我们知道，时变电磁场的电场、磁场都是随时间变化的，描述电场的矢量 $\boldsymbol{E}$、描述磁场的矢量 $\boldsymbol{H}$ 不仅随空间坐标变化，而且随时间坐标变化，因而，空间各点的电场能量密度、磁场能量密度也是要随空间和时间变化的，即电磁能量按一定的分布形式存储于空间，并随电磁场的运动变化（电磁波的传播）在空间传输，形成电磁场能流。

1884年,英国物理学家坡印廷根据麦克斯方程组导出了电磁波传播过程中电磁场能量守恒和转换关系的定理,称为**坡印廷定理**。坡印廷定理的表达式如下(推导过程不做介绍)

$$-\oint_S (\boldsymbol{E}\times\boldsymbol{H})\cdot \mathrm{d}s = \frac{\mathrm{d}}{\mathrm{d}t}\int_V \left(\frac{1}{2}\boldsymbol{E}\cdot\boldsymbol{D}+\frac{1}{2}\boldsymbol{H}\cdot\boldsymbol{B}\right)\mathrm{d}v + \int_V \boldsymbol{E}\cdot\boldsymbol{J}\mathrm{d}v \tag{6-20}$$

式(6-20)中,右端第一项表示的是单位时间内闭合面 $S$ 包围的体积 $V$ 内电磁场能量的增加量;右端第二项表示的是体积 $V$ 内电场对电流做的功率,即单位时间体积 $V$ 内导电媒质消耗的能量。根据能量守恒定律,等式左侧的项应为单位时间内通过曲面 $S$ 流入体积 $V$ 内的电磁能量,则式 $\boldsymbol{E}\times\boldsymbol{H}$ 表示的应为单位时间垂直通过单位面积的能量(电磁能流密度矢量),称之为**坡印廷矢量**,用字母 $\boldsymbol{S}$ 表示,即

$$\boldsymbol{S}=\boldsymbol{E}\times\boldsymbol{H} \tag{6-21}$$

由式(6-21)可知,坡印廷矢量 $\boldsymbol{S}$ 既垂直于电场强度 $\boldsymbol{E}$,又垂直于磁场强度 $\boldsymbol{H}$,又由于 $\boldsymbol{E}$、$\boldsymbol{H}$ 也是相互垂直的,所以,$\boldsymbol{S}$、$\boldsymbol{E}$、$\boldsymbol{H}$ 三者之间相互垂直,成右手定则关系。

**例题 6-5** 同轴电缆的内导体截面半径为 $a$,外导体的截面半径为 $b$,外导体厚度忽略不计,内外导体都视为理想导体,其间填充均匀理想介质。设内外导体间的电压为 $U$,导体中流过的电流为 $I$。试求:在导体为理想导体的情况下,同轴线中传输的功率。

**解** 在内、外导体为理想导体的情况下,电场和磁场都只存在于内、外导体之间的理想介质中,内、外导体表面的电场无切向分量,只有电场的径向分量。利用高斯定理和安培环路定理,容易求得内外导体之间的电场强度和磁场强度分别为

$$\boldsymbol{E}=\frac{U}{\rho\ln(b/a)}\boldsymbol{e}_\rho$$

$$\boldsymbol{H}=\frac{I}{2\pi\rho}\boldsymbol{e}_\phi$$

根据坡印廷矢量公式,可得坡印廷矢量为

$$\boldsymbol{S}=\boldsymbol{E}\times\boldsymbol{H}=\left[\frac{U}{\rho\ln(b/a)}\boldsymbol{e}_\rho\right]\times\left(\frac{I}{2\pi\rho}\boldsymbol{e}_\phi\right)=\frac{UI}{2\pi\rho^2\ln(b/a)}\boldsymbol{e}_z$$

由结果可知,同轴电缆的传输功率大小为 $\frac{UI}{2\pi\rho^2\ln(b/a)}$,方向为沿着电缆的轴向,即由电流流向负载。

备注:

1. 此例中电场和磁场都不随时间变化,因而,得出的坡印廷矢量也是不随

时间变化的量，即此例中能量是保持一个稳定的状态在同轴电缆中传输；

2. 若此例中导体不是理想导体，而是电导率为 $\sigma$ 的实际导体，则导体内部将存在沿电流流向的电场，根据恒定电场相关公式，有

$$\boldsymbol{E}_{内}=\frac{\boldsymbol{J}}{\sigma}=\frac{I}{\pi a^2\sigma}\boldsymbol{e}_z$$

根据恒定电场边界条件，场强切向分量连续，则有内导体表面外侧附近的电场强度应存在一个切向分量，即实际的场强为

$$\boldsymbol{E}_{外}\Big|_{\rho=a}=\boldsymbol{E}+\boldsymbol{E}_{内}=\frac{U}{a\ln(b/a)}\boldsymbol{e}_\rho+\frac{I}{\pi a^2\sigma}\boldsymbol{e}_z$$

磁场强度为 $\boldsymbol{H}\Big|_{\rho=a}=\frac{I}{2\pi a}\boldsymbol{e}_\phi$。

坡印廷矢量为

$$\boldsymbol{S}_{外}=\boldsymbol{E}_{外}\times\boldsymbol{H}=\frac{UI}{2\pi a^2\ln(b/a)}\boldsymbol{e}_z-\frac{I^2}{2\pi^2a^3\sigma}\boldsymbol{e}_\rho$$

备注：由此例结果可知，如果导体不是理想导体，实际中，能量的流动既有沿导体轴向的分量(这部分能量沿电流流向负载)，又有垂直导体分界面的分量，单位时间通过内导体表面进入导体单位长度的能量为

$$P=\frac{I^2}{2\pi^2a^3\sigma}\cdot 2\pi a\cdot 1=\frac{I^2}{\pi a^2\sigma}=RI^2$$

由此结果可知，单位时间进入内导体的能量恰好是这段导体消耗的焦耳热。

以上分析表明，电磁能量是通过电磁场传输的，导体的作用仅是引导电磁能量的传输方向。若是非理想导体，导体在传输电磁场能量的同时，本身也会消耗一部分电磁场的能量，导体的电导率越小，导体消耗的电磁场能量越大，从节能角度出发，输电线应尽可能选择电导率大的材料。

### 6.3.3　平均坡印廷矢量

前面讨论的坡印廷矢量代表的是电磁场中某点瞬时的能流密度。对于时谐电磁场，由于场矢量 $\boldsymbol{E}$ 和 $\boldsymbol{H}$ 都是随时间周期性变化的函数，坡印廷矢量也是随时间周期性变化的函数，因而，探讨坡印廷矢量在一个周期内的平均值更有实际意义。坡印廷矢量在一个周期内的平均值称为**平均坡印廷矢量**，用字母 $\boldsymbol{S}_{av}$ 表示，它表示的是时谐场中某点一个周期内的平均能流密度，即

$$\boldsymbol{S}_{av}=\frac{1}{T}\int_0^T\boldsymbol{S}\mathrm{d}t \tag{6-22}$$

式(6-22)是平均能流密度的定义式，实际计算时，常使用的表达式还有

$$\boldsymbol{S}_{av}=\frac{1}{2}\mathrm{Re}[\dot{\boldsymbol{E}}\times\dot{\boldsymbol{H}}^*]=\mathrm{Re}\left[\frac{1}{2}\dot{\boldsymbol{E}}\times\dot{\boldsymbol{H}}^*\right]=\mathrm{Re}[\dot{\boldsymbol{S}}] \tag{6-23}$$

式(6-23)中，$\dot{\boldsymbol{E}}$ 表示的是电场强度的复矢量；$\dot{\boldsymbol{H}}^*$ 表示的是磁场强度复矢量的共轭复矢量；$\dot{\boldsymbol{S}}=\frac{1}{2}\dot{\boldsymbol{E}}\times\dot{\boldsymbol{H}}^*$ 为坡印廷矢量的复数形式，称为**复坡印廷矢量**；此式可以根据式(6-22)推导得来，基本思路为(具体过程省略)：首先把式(6-22)中的坡印廷矢量瞬时值写成 $\boldsymbol{S}=\boldsymbol{E}\times\boldsymbol{H}$，然后把其中的 $\boldsymbol{E}$ 和 $\boldsymbol{H}$ 瞬时值形式表达成复矢量形式，进而化简变形得到式(6-23)。

**例题 6-6** 自由空间中有一时谐电磁场，其中电场强度和磁场强度的瞬时值分别为

$$\boldsymbol{E}=\boldsymbol{E}_0\cos(\omega t-\phi_e)$$
$$\boldsymbol{H}=\boldsymbol{H}_0\cos(\omega t-\phi_m)$$

试求：此时谐电磁场的平均能流密度。

**解** 平均能流密度即是指平均坡印廷矢量。求解方法有两种。

方法一：根据 $\boldsymbol{S}=\boldsymbol{E}\times\boldsymbol{H}$，可得

$$\begin{aligned}\boldsymbol{S}&=[\boldsymbol{E}_0\cos(\omega t-\phi_e)]\times[\boldsymbol{H}_0\cos(\omega t-\phi_m)]\\&=\boldsymbol{E}_0\times\boldsymbol{H}_0\cos(\omega t-\phi_e)\cos(\omega t-\phi_m)\\&=\frac{1}{2}\boldsymbol{E}_0\times\boldsymbol{H}_0[\cos(\phi_m-\phi_e)+\cos(2\omega t-\phi_m-\phi_e)]\end{aligned}$$

中括号中的第一项不随时间变化，一个周期内的平均值即是瞬时值；第二项是随时间按余弦规律变化的函数，一个周期内的平均值为零。因而，平均坡印廷矢量为

$$\boldsymbol{S}_{av}=\frac{1}{2}\boldsymbol{E}_0\times\boldsymbol{H}_0\cos(\phi_m-\phi_e)$$

方法二：根据 $\boldsymbol{S}_{av}=\mathrm{Re}[\dot{\boldsymbol{S}}]$ 及 $\dot{\boldsymbol{S}}=\frac{1}{2}\dot{\boldsymbol{E}}\times\dot{\boldsymbol{H}}^*$ 计算。

两个场量的复矢量及磁场强度的共轭复矢量分别为

$$\dot{\boldsymbol{E}}=\boldsymbol{E}_0\mathrm{e}^{\mathrm{j}\phi_e};\quad\dot{\boldsymbol{H}}=\boldsymbol{H}_0\mathrm{e}^{\mathrm{j}\phi_m};\quad\dot{\boldsymbol{H}}^*=\boldsymbol{H}_0\mathrm{e}^{-\mathrm{j}\phi_m}$$

故，复坡印廷矢量为

$$\dot{\boldsymbol{S}}=\frac{1}{2}\dot{\boldsymbol{E}}\times\dot{\boldsymbol{H}}^*=\frac{1}{2}(\boldsymbol{E}_0\mathrm{e}^{\mathrm{j}\phi_e})\times(\boldsymbol{H}_0\mathrm{e}^{-\mathrm{j}\phi_m})=\frac{1}{2}\boldsymbol{E}_0\times\boldsymbol{H}_0\mathrm{e}^{\mathrm{j}(\phi_e-\phi_m)}$$

平均坡印廷矢量为

$$\boldsymbol{S}_{av}=\mathrm{Re}[\dot{\boldsymbol{S}}]=\mathrm{Re}\left[\frac{1}{2}\boldsymbol{E}_0\times\boldsymbol{H}_0\mathrm{e}^{\mathrm{j}(\phi_e-\phi_m)}\right]=\frac{1}{2}\boldsymbol{E}_0\times\boldsymbol{H}_0\cos(\phi_e-\phi_m)$$

两种方法计算结果相同，两相比较，后者计算难度更低些，因而，实际问题中，后者是比较常用的方法。

**例题 6-7** 在无源的自由空间中，已知电磁场的电场强度复矢量为 $\dot{\boldsymbol{E}}=$

$E_0 e^{-jkz}\boldsymbol{j}$ (V/m)，式中，$E_0$ 和 $k$ 为常数。试求：(1)磁场强度的复矢量；(2)瞬时坡印廷矢量；(3)平均坡印廷矢量。

**解**　(1) 根据$\nabla\times\dot{\boldsymbol{E}}=-j\omega\mu_0\dot{\boldsymbol{H}}$，得

$$\dot{\boldsymbol{H}}=\frac{1}{-j\omega\mu_0}\nabla\times\dot{\boldsymbol{E}}=-\frac{kE_0}{\omega\mu_0}e^{-jkz}\boldsymbol{i}\ (\text{A/m})$$

(2) 电场强度和磁场强度的瞬时值为

$$\boldsymbol{E}=\text{Re}[\dot{\boldsymbol{E}}e^{j\omega t}]=E_0\cos(\omega t-kz)\boldsymbol{j}$$

$$\boldsymbol{H}=\text{Re}[\dot{\boldsymbol{H}}e^{j\omega t}]=-\frac{kE_0}{\omega\mu_0}\cos(\omega t-kz)\boldsymbol{i}$$

根据 $\boldsymbol{S}=\boldsymbol{E}\times\boldsymbol{H}$，坡印廷矢量为

$$\begin{aligned}\boldsymbol{S}&=[E_0\cos(\omega t-kz)\boldsymbol{j}]\times\left[-\frac{kE_0}{\omega\mu_0}\cos(\omega t-kz)\boldsymbol{i}\right]\\&=\frac{kE_0^2}{\omega\mu_0}\cos^2(\omega t-kz)\boldsymbol{k}\ (\text{J/m}^2)\end{aligned}$$

(3) 复坡印廷矢量为

$$\dot{\boldsymbol{S}}=\frac{1}{2}\dot{\boldsymbol{E}}\times\dot{\boldsymbol{H}}^*=\frac{1}{2}(\boldsymbol{E}_0e^{-jkz}\boldsymbol{j})\times\left(-\frac{kE_0}{\omega\mu_0}e^{jkz}\boldsymbol{i}\right)=\frac{kE_0^2}{2\omega\mu_0}\boldsymbol{k}$$

平均坡印廷矢量为

$$\boldsymbol{S}_{av}=\text{Re}[\dot{\boldsymbol{S}}]=\frac{kE_0^2}{2\omega\mu_0}\boldsymbol{k}$$

## 小结

本章主要研究时谐场中复矢量和复矢量形式的麦克斯韦方程组，以及时谐场中的能量关系。

**1. 复矢量**

1) 复数的三种表达形式　　$z=a+jb=|z|e^{j\phi}=|z|(\cos\phi+j\sin\phi)$

2) 矢量的复矢量与瞬时值形式

(1) 瞬时值形式

$$\begin{aligned}\boldsymbol{E}&=E_x\boldsymbol{i}+E_y\boldsymbol{j}+E_z\boldsymbol{k}\\&=E_{xm}\cos(\omega t+\phi_x)\boldsymbol{i}+E_{ym}\cos(\omega t+\phi_y)\boldsymbol{j}+E_{zm}\cos(\omega t+\phi_z)\boldsymbol{k}\end{aligned}$$

(2) 复矢量形式　　$\dot{\boldsymbol{E}}=E_{xm}e^{j\phi_x}\boldsymbol{i}+E_{ym}e^{j\phi_y}\boldsymbol{j}+E_{zm}e^{j\phi_z}\boldsymbol{k}$

(3) 瞬时值形式与复矢量形式之间的转换关系　　$\boldsymbol{E}=\text{Re}[\dot{\boldsymbol{E}}e^{j\omega t}]$

**2. 复矢量形式的麦克斯韦方程组及本构关系的微分形式**

1) 电场环路定理的微分形式　　$\nabla\times\dot{\boldsymbol{E}}=-j\omega\dot{\boldsymbol{B}}$

2）磁场环路定理的微分形式 $\nabla\times\dot{\boldsymbol{H}}=\dot{\boldsymbol{J}}_c+\mathrm{j}\omega\dot{\boldsymbol{D}}$

3）电场高斯定理的微分形式 $\nabla\cdot\dot{\boldsymbol{D}}=\dot{\rho}_v$

4）磁场高斯定理的微分形式 $\nabla\cdot\dot{\boldsymbol{B}}=0$

5）电流连续性方程的微分形式 $\nabla\cdot\dot{\boldsymbol{J}}=-\mathrm{j}\omega\dot{\rho}_v$

6）复矢量形式的本构关系

$$\dot{\boldsymbol{D}}=\varepsilon\dot{\boldsymbol{E}}$$

$$\dot{\boldsymbol{B}}=\mu\dot{\boldsymbol{H}}$$

$$\dot{\boldsymbol{J}}=\sigma\dot{\boldsymbol{E}}$$

**3. 时谐场中的能量关系**

1）静态电磁场的能量密度 $w=w_\mathrm{e}+w_\mathrm{m}=\frac{1}{2}\boldsymbol{D}\cdot\boldsymbol{E}+\frac{1}{2}\boldsymbol{B}\cdot\boldsymbol{H}$

2）坡印廷矢量(时变电磁场能流密度) $\boldsymbol{S}=\boldsymbol{E}\times\boldsymbol{H}$

3）平均坡印廷矢量(时谐场一个周期平均能流密度)

$$\boldsymbol{S}_{\mathrm{av}}=\frac{1}{T}\int_0^T\boldsymbol{S}\mathrm{d}t=\mathrm{Re}[\dot{\boldsymbol{S}}]$$

4）复坡印廷矢量 $\dot{\boldsymbol{S}}=\frac{1}{2}\dot{\boldsymbol{E}}\times\dot{\boldsymbol{H}}^*$

# 习题 6

6-1 将下列场矢量的瞬时值形式写为复数形式：

(1) $\boldsymbol{E}=E_{y\mathrm{m}}\sin(\omega t-kz+\phi_y)\boldsymbol{j}$；

(2) $\boldsymbol{H}=H_0\cos\left(\frac{\pi x}{a}\right)\cos(kz-\omega t)\boldsymbol{i}$。

6-2 写出下列复矢量对应的瞬时值形式：

(1) $\dot{\boldsymbol{H}}=(\boldsymbol{i}+\mathrm{j}\boldsymbol{j})\mathrm{e}^{-\mathrm{j}kz}$；

(2) $\dot{\boldsymbol{E}}=-\mathrm{j}E_0\mathrm{e}^{-\mathrm{j}kz\sin\theta}\boldsymbol{j}$。

6-3 空间无源区域电磁场的电场强度表达式为

$$\boldsymbol{E}=E_0\sin\left(\frac{\pi y}{\mathrm{d}}\right)\cos(\omega t-kz)\boldsymbol{i}\ (\mathrm{V/m})$$

试求：(1)电场强度的复矢量；(2)磁场强度的复矢量；(3)磁场强度的瞬时值。

6-4 已知无源($\rho=0,J=0$)的自由空间中，时变电磁场的磁场强度的复矢量为

$$\dot{\boldsymbol{H}}=-\frac{kE_0}{\omega\mu_0}\mathrm{e}^{-\mathrm{j}kz}\boldsymbol{i}\ (\mathrm{A/m})$$

试求：(1)磁场强度的瞬时值；(2)电场强度的复矢量；(3)电场强度的瞬时值；(4)瞬时坡印廷矢量和平均坡印廷矢量。

6-5　已知真空中某电磁场的电场强度和磁场强度的复矢量分别为

$$\dot{\boldsymbol{E}}=\mathrm{j}E_0\sin(k_0 z)\boldsymbol{i}\ (\mathrm{V/m})$$

$$\dot{\boldsymbol{H}}=\sqrt{\frac{\varepsilon_0}{\mu_0}}E_0\cos(k_0 z)\boldsymbol{j}\ (\mathrm{A/m})$$

式中，$k_0=\frac{2\pi}{\lambda_0}$，称为波数（$2\pi$ 距离内含有的波形个数），$\lambda_0$ 为真空中电磁波的波长。试求：(1)$z=0,\frac{\lambda_0}{8},\frac{\lambda_0}{4}$各点的瞬时坡印廷矢量；(2)以上各点的平均坡印廷矢量。

6-6　在无源的自由空间中，电场强度的表达式为

$$\boldsymbol{E}=4\cos(\omega t-\beta z)\boldsymbol{i}+3\cos(\omega t-\beta z)\boldsymbol{j}\ (\mathrm{V/m})$$

试求：(1)磁场强度的复矢量形式；(2)坡印廷矢量的瞬时值表达式；(3)平均坡印廷矢量。

6-7　无源的自由空间中一均匀平面电磁波的磁场强度分量为

$$\boldsymbol{H}=H_0\cos(\omega t-\pi x)(\boldsymbol{j}+\boldsymbol{k})\ (\mathrm{A/m})$$

试求：(1)波的传播方向；(2)波长和频率；(3)电场强度的瞬时值表达式；(4)瞬时坡印廷矢量。

# 第 7 章 电磁波基础

由前几章知识我们知道，变化的电场能够产生磁场，变化的磁场也能够产生电场，变化的电场和磁场在空间彼此激发，形成变化的电磁场。时变电磁场中电场强度和磁场强度的瞬时值都是随空间和时间变化的函数，是波动的表达式，即空间存在电磁波，正是电磁波实现了电磁场能量的传播。

均匀平面电磁波是电磁波中最简单最基本的形式，实际的电磁波要复杂得多，一般都是多个不同的均匀平面电磁波变化叠加而来。均匀平面电磁波是指电磁波的场矢量只沿着它的传播方向变化，而且在电磁波传播过程中，它的电场强度和磁场强度矢量的方向、振幅都保持不变。虽然均匀平面电磁波是一种理想的情况，它的特性及讨论方法简单，但它所反映的电磁波的主要性质同样适用于其他电磁波。

本章将以均匀平面电磁波为例，讨论电磁波在介质中的传播特点和规律，分析电磁波的极化和衰减问题。

## 7.1 均匀平面电磁波在理想介质中的传播特点

本节首先介绍电磁场的波动方程及波动方程的解，然后讨论电磁波的传播特点。

### *7.1.1 波动方程

电磁场中的波动方程是指描述电磁场的场矢量满足的方程，具体来说，即是电场强度 $\boldsymbol{E}$ 和磁场强度 $\boldsymbol{H}$ 满足的方程。波动方程可以根据麦克斯韦方程组推导而来（推导过程省略）。在无源区域（$\rho_v=0, \boldsymbol{J}=0$），波动方程的具体形式为

$$\nabla^2 \boldsymbol{E}-\mu\varepsilon \frac{\partial^2 \boldsymbol{E}}{\partial t^2}=0 \tag{7-1}$$

$$\nabla^2 \boldsymbol{H}-\mu\varepsilon \frac{\partial^2 \boldsymbol{H}}{\partial t^2}=0 \tag{7-2}$$

式(7-1)、(7-2)分别称为**电场强度波动方程和磁场强度波动方程**。这两个方程反映的也是电磁场场矢量满足的关系,它们与麦克斯韦方程组的区别在于:波动方程是某个场矢量对应的方程,麦克斯韦方程组反映的是两个场矢量之间的关系。

波动方程反映的是某个场矢量满足的关系,如果解出这个方程的解,则可得到该场矢量的具体表达式。但是波动方程是二阶常微分方程,求解这样的方程比较繁琐,在此不再赘述,直接引用数学上给出的答案,这样方程复数形式的通解为

$$\dot{\boldsymbol{A}}=\boldsymbol{A}_1 \mathrm{e}^{-\mathrm{j}kz}+\boldsymbol{A}_2 \mathrm{e}^{\mathrm{j}kz}$$

根据前面复矢量内容可知,如果把这样解的形式写出对应的瞬时值形式,应为余弦函数形式。比如电场强度 $x$ 轴的分量可以写为

$$E_x=A_1\cos(\omega t-kz+\phi_1)+A_2\cos(\omega t+kz+\phi_2) \tag{7-3}$$

由式(7-3)可以看出,电磁场中场矢量的波动方程的解即是电磁波的表达式;此式的第一项代表沿 $z$ 轴正向传播的电磁波(称为**正向行波**),第二项代表沿 $z$ 轴负向传播的电磁波(称为**反向行波**)。对于无界的均匀媒质,其中只存在沿一个方向传播的电磁波,为研究方便,我们选择这个传播方向为坐标轴的正向,因而,以后的分析中我们仅写成此式的第一项即可;式中,$k=\omega\sqrt{\mu\varepsilon}$,称为**波数**,其对应物理意义在后面给予介绍。

### 7.1.2　理想介质中均匀平面电磁波的传播特点

理想介质是一种不导电($\sigma=0$)的无损耗介质,电磁波在这样的介质中传播时,能量不会被介质吸收和消耗,因而电磁波振幅保持不变。

对于用余弦表示的电磁波,以电场强度 $x$ 轴分量为例,具体表达式可写成

$$E_x=E_\mathrm{m}\cos(\omega t-kz+\phi_\mathrm{e}) \tag{7-4}$$

由此式及波动相关知识可知,此波的周期为

$$T=\frac{2\pi}{\omega} \tag{7-5}$$

波数($2\pi$ 长度内波的个数)$k=\dfrac{2\pi}{\lambda}$,结合 $k=\omega\sqrt{\mu\varepsilon}$,可得波的波长为

$$\lambda=\frac{2\pi}{k}=\frac{2\pi}{\omega\sqrt{\mu\varepsilon}} \tag{7-6}$$

结合式(7-5)和式(7-6),可得波的传播速度(相速)为

$$v=\frac{\lambda}{T}=\frac{2\pi}{\omega\sqrt{\mu\varepsilon}}\times\frac{\omega}{2\pi}=\frac{1}{\sqrt{\mu\varepsilon}} \tag{7-7}$$

由式(7-7)可知，理想介质中，电磁波的传播速度由介质情况决定，而与波的频率和周期无关。

根据式(7-4)可知，电磁波的电场强度分量的振动方向与波的传播方向相互垂直，是横波。设电场强度分量沿 $x$ 轴，波的传播方向沿 $z$ 轴，表示为复矢量

$$\dot{\boldsymbol{E}}=E_{\mathrm{m}}\mathrm{e}^{-\mathrm{j}(kz-\phi_{\mathrm{e}})}\boldsymbol{i}$$

根据复数形式的麦克斯韦方程组 $\nabla\times\dot{\boldsymbol{E}}=-\mathrm{j}\omega\mu\dot{\boldsymbol{H}}$ 可知，磁场强度的复矢量为

$$\dot{\boldsymbol{H}}=-\frac{1}{\mathrm{j}\omega\mu}\nabla\times\dot{\boldsymbol{E}}=\frac{1}{\omega\mu}\frac{\partial E_x}{\partial z}\boldsymbol{j}=\frac{kE_{\mathrm{m}}}{\omega\mu}\mathrm{e}^{-\mathrm{j}(kz-\phi_{\mathrm{e}})}\boldsymbol{j}=H_{\mathrm{m}}\mathrm{e}^{-\mathrm{j}(kz-\phi_{\mathrm{e}})}\boldsymbol{j}\tag{7-8}$$

由式(7-8)可知，磁场强度的振动方向与传播方向垂直，电磁波的磁场强度分量也是横波，即电磁波是横波；此式还说明，电场场强振动沿 $x$ 轴方向时，磁场强度振动沿 $y$ 轴方向，二者彼此垂直，且相位相同。

在式(7-8)中，电场强度振幅与磁场强度振幅之比为

$$\eta=\frac{E_{\mathrm{m}}}{H_{\mathrm{m}}}=\frac{\omega\mu}{k}=\frac{\omega\mu}{\omega\sqrt{\mu\varepsilon}}=\sqrt{\frac{\mu}{\varepsilon}}\tag{7-9}$$

式中，$\eta$ 具有阻抗的量纲，单位为 $\Omega$(欧姆)，称为**波阻抗**。由此式可以看出，波阻抗的值仅与媒质的参数有关，因此又称为媒质的**本征阻抗**，或者**特性阻抗**。在真空中

$$\eta_0=\sqrt{\frac{\mu_0}{\varepsilon_0}}=120\pi\approx377(\Omega)\tag{7-10}$$

通过前几章的学习我们知道，电场和磁场都是包含能量的，电场能量体密度和磁场能量体密度分别为

$$w_{\mathrm{e}}=\frac{1}{2}\varepsilon E^2=\frac{1}{2}\varepsilon[E_{\mathrm{m}}\cos(\omega t-kz+\phi_{\mathrm{e}})]^2=\frac{1}{2}\varepsilon E_{\mathrm{m}}^2\cos^2(\omega t-kz+\phi_{\mathrm{e}})$$

$$w_{\mathrm{m}}=\frac{1}{2}\mu H^2=\frac{1}{2}\mu[H_{\mathrm{m}}\cos(\omega t-kz+\phi_{\mathrm{e}})]^2=\frac{1}{2}\mu H_{\mathrm{m}}^2\cos^2(\omega t-kz+\phi_{\mathrm{e}})$$

在理想介质中，由于 $E_{\mathrm{m}}=\eta H_{\mathrm{m}}$，则有

$$\frac{1}{2}\varepsilon E_{\mathrm{m}}^2=\frac{1}{2}\varepsilon\eta^2H_{\mathrm{m}}^2=\frac{1}{2}\mu H_{\mathrm{m}}^2\tag{7-11}$$

把式(7-11)代入能量密度公式，有

$$w_{\mathrm{e}}=w_{\mathrm{m}}$$

即，均匀平面电磁波的电场能量密度等于磁场能量密度。因而，任意时刻总的电磁能量密度为

$$w=w_{\mathrm{e}}+w_{\mathrm{m}}=\varepsilon E^2=\mu H^2\tag{7-12}$$

式中，$E$、$H$ 分别表示电场强度和磁场强度瞬时值的大小。根据此式及场矢量

的余弦变化规律可得，一个周期内电磁能量密度的平均值(平均坡印廷矢量大小为)

$$w_{av}=\frac{1}{2}\varepsilon E_m^2=\frac{1}{2}\mu H_m^2 \tag{7-13}$$

式中，$E_m$、$H_m$ 分别表示电场强度和磁场强度的最大值。

总结以上内容，可将理想介质中均匀平面电磁波的传播特点总结如下：

(1) 电场与磁场的振幅保持不变，且二者振动同相位；

(2) 电磁波的传播速度(相速)与介质情况有关，与频率无关；

(3) 电磁波是横波，电场振动和磁场振动方向都与传播方向垂直，且电场振动与磁场振动彼此垂直；

(4) 波阻抗为实数，是由介质情况决定的常数；

(5) 电场能量密度等于磁场能量密度。

**例题 7-1**　频率为 9.4GHz 的均匀平面电磁波在聚乙烯材料($\mu_r=1$)中传播，设波在传播过程中无能量损耗，介质的相对介电常数 $\varepsilon_r=2.26$，磁场强度的振幅为 7mA/m。试求：(1)相速；(2)波长；(3)波阻抗；(4)电场强度的振幅。

**解**　(1) 根据 $v=\frac{1}{\sqrt{\mu\varepsilon}}$ 可得，波的相速为

$$v=\frac{1}{\sqrt{\mu_0\mu_r\varepsilon_0\varepsilon_r}}=\frac{3.0\times10^8}{\sqrt{1\times2.26}}=1.996\times10^8\,\mathrm{m/s}$$

(2) 根据 $\lambda=\frac{2\pi}{\omega\sqrt{\mu\varepsilon}}$，及 $\omega=2\pi f$ 可得，波长为

$$\lambda=\frac{v}{f}=\frac{1.996\times10^8}{9.4\times10^9}=2.12\,\mathrm{cm}$$

此波长的电磁波属于无线电波波段。

(3) 根据 $\eta=\sqrt{\frac{\mu}{\varepsilon}}$，及 $\eta_0=\sqrt{\frac{\mu_0}{\varepsilon_0}}\approx377\Omega$ 可得，波阻抗为

$$\eta=\eta_0\sqrt{\frac{\mu_r}{\varepsilon_r}}=377\times\sqrt{\frac{1}{2.26}}=251\Omega$$

(4) 根据 $\eta=\frac{E_m}{H_m}$，可得电场强度振幅为

$$E_m=\eta H_m=251\times7\times10^{-3}=1.757\,\mathrm{V/m}$$

**例题 7-2**　频率为 100MHz 的均匀平面电磁波在一无损耗媒质中沿 $z$ 轴正向传播，媒质材料的参数为 $\varepsilon_r=4$，$\mu_r=1$。已知电场振动方向沿 $x$ 轴方向，且 $t=0$ 时刻，$z=0.125$m 处电场强度达振幅值 $10^{-4}$ V/m。试求：(1)电场强度的瞬时值表达式；(2)磁场强度的瞬时值表达式；(3)平均坡印廷矢量大小；(4)垂直

穿过与 $z$ 轴垂直的半径为 2.5m 的圆平面的平均功率。

**解** (1) 设电场强度瞬时值表达式为

$$\boldsymbol{E}=10^{-4}\cos(\omega t-kz+\phi)\boldsymbol{i}$$

根据已知,可得式中

$$\omega=2\pi f=2\pi\times10^{8}\,\text{rad/s}$$

$$k=\omega\sqrt{\mu\varepsilon}=\frac{\omega}{3}\sqrt{\mu_r\varepsilon_r}=\frac{4}{3}\pi\,\text{rad/m}$$

对于余弦函数,相位为零时达到幅值,即 $t=0$ 时刻,$z=0.125$m 处相位为零,则有

$$\omega\times0-kz+\phi=0$$

故

$$\phi=kz=\frac{4}{3}\pi\times0.125=\frac{\pi}{6}$$

把以上各量带入电场强度瞬时值表达式,可得

$$\boldsymbol{E}=10^{-4}\cos\left(2\pi\times10^{8}t-\frac{4}{3}\pi z+\frac{\pi}{6}\right)\boldsymbol{i}\ \text{V/m}$$

(2) 波阻抗为

$$\eta=\eta_0\sqrt{\frac{\mu_r}{\varepsilon_r}}=120\pi\times\sqrt{\frac{1}{4}}=60\pi\ \Omega$$

磁场强度振幅为

$$H_m=\frac{E_m}{\eta}=\frac{10^{-4}}{60\pi}=5.3\times10^{-7}$$

根据电磁波的传播规律,电场强度与磁场强度相互垂直且都垂直于传播方向,可知磁场振动方向沿 $y$ 轴方向;另外,由规律可知电场振动与磁场振动相位相同,故,磁场强度的瞬时值表达式为

$$\boldsymbol{H}=5.3\times10^{-7}\cos\left(2\pi\times10^{8}t-\frac{4}{3}\pi z+\frac{\pi}{6}\right)\boldsymbol{j}\ \text{A/m}$$

(3) 平均坡印廷矢量

$$\boldsymbol{S}_{av}=\frac{1}{2}\text{Re}[\dot{\boldsymbol{E}}\times\dot{\boldsymbol{H}}^{*}]=\frac{1}{2}\times10^{-4}\times\frac{10^{-4}}{60\pi}\boldsymbol{k}=\frac{10^{-8}}{120\pi}\boldsymbol{k}\ \text{W/m}^2$$

垂直穿过半径 2.5m 的圆平面的平均功率为

$$P_{av}=\boldsymbol{S}_{av}\cdot\boldsymbol{S}=\frac{10^{-8}}{120\pi}\cdot\pi R^2=5.2\times10^{-10}\,\text{W}$$

# 7.2 电磁波在导电媒质中的传播

7.1节介绍的是理想介质，电磁波在其内传播时不损失能量。但实际介质多数都是有能量损耗的导电媒质（又称有损耗媒质），例如，土壤、海水、石墨、金属等都是常见的导电媒质。在导电媒质中，由于电导率 $\sigma \neq 0$，当电磁波在其内传播时，媒质中必然会有传导电流（$\boldsymbol{J}=\sigma\boldsymbol{E}$）产生，这将导致电磁能量损耗。因而，均匀平面电磁波在导电媒质中的传播情况与无损耗介质的情况不同。

本节我们将从导电媒质的特性出发，介绍导电媒质的分类，分析导电媒质对电磁波传播的影响，并进一步分析电磁波在良导体中的传播特性。

## 7.2.1 导电媒质的分类

电磁波在导电媒质中传播时，传导电流密度 $\boldsymbol{J}=\sigma\boldsymbol{E}$，用复矢量形式表示的麦克斯韦方程组磁场旋度公式应写为

$$\nabla\times\dot{\boldsymbol{H}}=\sigma\dot{\boldsymbol{E}}+\mathrm{j}\omega\varepsilon\dot{\boldsymbol{E}}=\mathrm{j}\omega\varepsilon\left(1-\mathrm{j}\frac{\sigma}{\omega\varepsilon}\right)\dot{\boldsymbol{E}} \tag{7-14}$$

式中

$$\varepsilon_c=\varepsilon\left(1-\mathrm{j}\frac{\sigma}{\omega\varepsilon}\right) \tag{7-15}$$

$\varepsilon_c$ 称为**等效复介电常数**。由式(7-15)可知，等效复介电常数的虚部大小 $\sigma/\omega\varepsilon$（工程上常称此值为**耗损角正切**）其实就是导电媒质中传导电流密度振幅 $\sigma E$ 与位移电流密度振幅 $\omega\varepsilon E$ 的比值，它反映了导电媒质中传导电流所占份额，反映了导电媒质的导电能力。因而，按照此值可以把导电媒质进行分类，如表7-1所示。

**表7-1 导电媒质的分类**

| 种　类 | $\sigma/\omega\varepsilon$ 取值范围 |
|---|---|
| （电）介质 | $<0.01$ |
| 不良导体 | $0.01\sim100$ |
| 良导体 | $>100$ |

由表7-1可知，某一媒质是什么类型的导电媒质不仅与媒质的材料参数 $\sigma$、$\varepsilon$ 有关，还与电磁波的角频率 $\omega$ 有关，即对于某个频率电磁波是良导体的媒质，对于另一个频率电磁波可能是不良导体。另外，还需要说明的是，媒质的材料参数也不是一成不变的，它也会随电磁波频率的变化而变化，尤其是对于大于等于

$10^9$ Hz的电磁波,这种变化更为显著。因而,分析某一媒质属于什么类型的导电媒质时,必须根据具体情况计算判断,不能一概而论。

**例题 7-3** 海水的电导率 $\sigma=4\text{S/m}$,$\varepsilon_r=81$,$\mu_r=1$。试求：对于频率分别为10kHz、1MHz、10MHz、1GHz的四种电磁波,海水属于哪类导电媒质。

**解** 对于四种频率电磁波计算对应的耗损角正切值,分别为

$$10\text{kHz},\quad \frac{\sigma}{\omega\varepsilon}=\frac{4}{2\pi f\varepsilon_0\times 81}=8.9\times 10^4>100,\quad \text{良导体}$$

$$1\text{MHz},\quad \frac{\sigma}{\omega\varepsilon}=\frac{4}{2\pi f\varepsilon_0\times 81}=8.9\times 10^2>100,\quad \text{良导体}$$

$$10\text{MHz},\quad \frac{\sigma}{\omega\varepsilon}=\frac{4}{2\pi f\varepsilon_0\times 81}=89,\quad \text{不良导体}$$

$$1\text{GHz},\quad \frac{\sigma}{\omega\varepsilon}=\frac{4}{2\pi f\varepsilon_0\times 81}=0.89,\quad \text{不良导体}$$

由结果可知,同一种媒质,对于不同频率的电磁波,表现的传播特性不同。对于频率低的电磁波,海水属于良导体,电磁波在其内传播时能量损耗明显,衰减快,因而电磁波传播的距离有限;而对于频率大于10MHz的电磁波,海水属于不良导体,电磁波在其内传播时能量损耗相对不明显,电磁波传播的距离相对更远一些。

讨论电磁波在媒质中的传播距离是工程上经常遇到的一个问题。

### 7.2.2 电磁波在良导体中的传播

电磁波在良导体中衰减极快,场强振幅随传播距离的增加按照指数规律衰减。对于高频率的电磁波,往往传入良导体内微米数量级的距离就衰减得接近于零了,所以,高频率的电磁波仅能传入良导体表面的薄层内,这种现象称为**集肤效应**。电磁波场强振幅衰减到表面处场强的36.8%(1/e)时对应的传播深度称为**集肤深度**(或**穿透深度**),用字母 $\delta$ 表示。集肤深度的计算公式为(推动过程不做要求)

$$\delta=\sqrt{\frac{1}{\pi f\mu\sigma}} \tag{7-16}$$

由式(7-16)可以看出,导电性能越好的材料,电磁波频率越高,集肤深度越小。

**例题 7-4** 在进行电磁测量时,为了防止室内的电子设备受到外界电磁场的干扰,可采用金属铜板搭建屏蔽室,通常取铜板厚度大于 $5\delta$ 方能满足要求。铜的参数为 $\sigma=5.8\times10^7\text{S/m}$,$\varepsilon_r=1$,$\mu_r=1$。若要求屏蔽电磁波频率范围是10kHz～100MHz,试求：铜板的最小厚度。

**解** 对于频率范围的上、下限值,铜材料的耗损角正切值,分别为

$$10\text{kHz} \qquad \frac{\sigma}{\omega_{L}\varepsilon}=\frac{5.8\times10^{7}}{2\pi f_{L}\varepsilon_{0}\times1}=1.04\times10^{14}>100 \qquad \text{良导体}$$

$$100\text{MHz} \qquad \frac{\sigma}{\omega_{H}\varepsilon}=\frac{5.8\times10^{7}}{2\pi f_{H}\varepsilon_{0}\times1}=1.04\times10^{10}>100 \qquad \text{良导体}$$

可见,在要求的频率范围内均可将铜视为良导体,故

$$\delta_{L}=\sqrt{\frac{1}{\pi f_{L}\mu\sigma}}=6.6\times10^{-4}\,\text{m}$$

$$\delta_{H}=\sqrt{\frac{1}{\pi f_{H}\mu\sigma}}=6.6\times10^{-6}\,\text{m}$$

铜板的最小厚度为

$$d=5\delta_{L}=3.3\times10^{-3}\,\text{m}$$

## 7.3 电磁波的极化

前面讨论电磁波的传播特性时,认为电磁波场强的方向始终都保持在某个方向,不随时间变化,比如电场强度方向始终沿 $x$ 轴方向。但实际上,沿 $z$ 轴方向传播的电磁波电场强度的方向既有 $x$ 轴分量,又有 $y$ 轴分量,这两个分量都随时间变化,因而二者合成而得的电场强度大小和方向都可能随时间变化,这种现象称为**电磁波的极化**。

电磁波的极化是电磁理论中的一个重要概念,它表征在空间给定点上场强矢量的取向随时间变化的特性,此特性可用场强矢量的端点随时间变化的轨迹来描述。若该轨迹是直线,则称为直线极化;若轨迹是圆,则称为圆极化;若轨迹是椭圆,则称为椭圆极化。本节将以电场强度为例,分别介绍这三类极化波的特点及应用。

### 7.3.1 直线极化波

合成波的极化形式取决于电场强度 $x$ 轴分量和 $y$ 轴分量的振幅之间和相位之间的关系。为简单起见,取 $z=0$ 点来讨论,可设电场强度 $x$ 轴、$y$ 轴分量分别为

$$E_{x}=E_{xm}\cos(\omega t+\phi_{x}) \tag{7-17}$$

$$E_{y}=E_{ym}\cos(\omega t+\phi_{y}) \tag{7-18}$$

若两分量同相,即 $\phi_{x}-\phi_{y}=\pm2k\pi$,在直角坐标系中,合场强矢量末端 $x$ 轴、$y$ 轴分量之间的关系为

$$\frac{E_{x}}{E_{y}}=\frac{E_{xm}}{E_{ym}}=\text{const} \tag{7-19}$$

式(7-19)给出的是一条直线方程，因而这种电磁波称为直线极化波。

若两个分量反相，即 $\phi_x-\phi_y=\pm(2k+1)\pi$，在直角坐标系中，合场强矢量末端 $x$ 轴、$y$ 轴分量之间的关系为

$$\frac{E_x}{E_y}=-\frac{E_{x\mathrm{m}}}{E_{y\mathrm{m}}}=\mathrm{const} \tag{7-20}$$

这也是一条直线方程，即此波也是直线极化波。

总结以上，并把结论进行推广，可以得出：任何两个同频率、同传播方向且振动方向相互垂直的电磁波，当它们的相位差为 $\pi$ 的整数倍时，其合成波为直线极化波。

在工程上，常将垂直于大地的直线极化波称为**垂直极化波**，而将与大地平行的直线极化波称为**水平极化波**。例如，中波广播信号的发射天线架设与地面垂直，发出垂直极化波。收听者要得到最佳的收听效果，就应将收音机的天线调整到与地面垂直方向，从而使得天线与电磁波场强方向平行；电视信号的发射天线架设时与地面平行，发出平行极化波，接收者若想得到好的收看效果，就应将电视天线调整到与地面平行方向，从而使得电视天线与电磁波的场强方向平行。

### 7.3.2 圆极化波

若场强的两个分量振幅相同，但相位相差 $\pm\pi/2$，则 $y$ 向分量可写为

$$E_y=E_{y\mathrm{m}}\cos\left(\omega t+\phi_x\pm\frac{\pi}{2}\right)=\pm E_{x\mathrm{m}}\sin(\omega t+\phi_x) \tag{7-21}$$

把式(7-16)和式(7-21)两侧分别平方，并相加，得

$$E_y^2+E_x^2=E_{x\mathrm{m}}^2 \tag{7-22}$$

式(7-22)可知，合成波的场强幅值不随时间变化，但方向却随时间变化，其端点轨迹在一个圆上并以角速度 $\omega$ 旋转，这类电磁波称为**圆极化波**。

把上面的结论进行推广，可以得出：任何两个同频率、同振幅、同传播方向且振动方向相互垂直的电磁波，当它们的相位差为 $\pm\pi/2$ 时，其合成波为圆极化波。

圆极化波在实际中也有很多应用，例如火箭等飞行器在飞行过程中位置和状态随时间不断变化，飞行器上收发信息的天线方位也随之不断变化，此时若用直线极化波信号来遥控飞行器，某些情况下会出现天线无法接收到信号而造成失控。而如果使用圆极化波来传递信息，则能保证无论天线什么方位，接收信号的强度都相同，信号平稳，从而保证对飞行器进行有效控制。在卫星通信、电子对抗等领域中，大多都是采用圆极化波进行工作。

### 7.3.3　椭圆极化波

若场强的两个分量振幅不同，相位也不等，则合成波的情况比较复杂。为简单起见，我们假设两个分量的表达式分别为

$$E_x = E_{xm}\cos\omega t \quad (\text{令 } \phi_x = 0)$$

$$E_y = E_{ym}\cos(\omega t + \phi)$$

由此二式消去 $t$(推导过程从略)，可得

$$\frac{E_x^2}{E_{xm}^2} + \frac{E_y^2}{E_{ym}^2} - \frac{2E_xE_y}{E_{xm}E_{ym}}\cos\phi = \sin^2\phi \tag{7-23}$$

这是一个椭圆方程，合成波场强的端点轨迹随时间按照椭圆规律变化，这样的电磁波称为**椭圆极化波**。

直线极化波和圆极化波可看作是椭圆极化波的特例。

以上我们讨论的是两个相互垂直方向电磁波的合成波的极化情况，由讨论可知，两个相互垂直方向电磁波的合成波有三种可能：直线极化波、圆极化波、椭圆极化波。反过来，任意一个直线极化波、圆极化波、椭圆极化波也都可以分解成两个相互垂直方向的直线极化波，我们可以通过分析两个直线极化波的情况进而得知合成波的情况。

**例题 7-5**　判断下列均匀平面波的极化形式。

(1) $\boldsymbol{E} = E_m\sin\left(\omega t - kz - \frac{\pi}{4}\right)\boldsymbol{i} + E_m\cos\left(\omega t - kz + \frac{\pi}{4}\right)\boldsymbol{j}$

(2) $\dot{\boldsymbol{E}} = \mathrm{j}E_m e^{\mathrm{j}kz}\boldsymbol{i} - E_m e^{\mathrm{j}kz}\boldsymbol{j}$

(3) $\boldsymbol{E} = E_m\cos(\omega t - kz)\boldsymbol{i} + E_m\sin\left(\omega t - kz + \frac{\pi}{4}\right)\boldsymbol{j}$

**解**　(1) 把电场强度 $x$ 轴分量变形，有

$$E_x = E_m\sin\left(\omega t - kz - \frac{\pi}{4}\right) = E_m\cos\left(\omega t - kz - \frac{\pi}{4} - \frac{\pi}{2}\right)$$

$$= E_m\cos\left(\omega t - kz - \frac{3\pi}{4}\right)$$

故

$$\phi_x - \phi_y = -\pi$$

可知，这是一个直线极化波；

(2) 把两个分量的复数形式改写为瞬时值形式，有

$$E_x = \mathrm{Re}[\mathrm{j}E_m e^{\mathrm{j}kz} e^{\mathrm{j}\omega t}] = E_m\cos\left(\omega t + kz + \frac{\pi}{2}\right)$$

$$E_y = \mathrm{Re}[-E_m e^{\mathrm{j}kz} e^{\mathrm{j}\omega t}] = E_m\cos(\omega t + kz + \pi)$$

故

$$\phi_y-\phi_x=\frac{\pi}{2}$$

结合两分量振幅相同，可知，这是一个圆极化波；

(3) 把电场强度 $y$ 轴分量变形，有

$$E_y=E_{\mathrm{m}}\sin\left(\omega t-kz+\frac{\pi}{4}\right)=E_{\mathrm{m}}\cos\left(\omega t-kz-\frac{\pi}{4}\right)$$

故

$$\phi_y-\phi_x=-\frac{\pi}{4}$$

可见，这是一个椭圆极化波。

# 7.4 电磁波的反射和透射

7.3 节我们讨论的是平面电磁波在无界均匀媒质中的传播，但实际问题中，电磁波传播时经常遇到不同的媒质。与光传播到两种媒质的交界面时会发生反射和折射一样，电磁波传播到两种媒质的交界面时，也会发生反射和透射现象。

本节我们将从电磁波对交界面的垂直入射和斜入射两种情况出发，分别讨论电磁波的反射和透射问题，分析反射波和透射波的特点。

## 7.4.1 均匀平面电磁波的垂直入射

(1) 由理想介质入射至理想导体

如图 7-1 所示，$z=0$ 平面为两种媒质的交界面，$z<0$ 的区域是理想介质构成的媒质 1($\sigma_1=0$)，$z>0$ 的区域为理想导体构成的媒质 2($\sigma_2=\infty$)。当均匀平面电磁波沿 $z$ 轴方向由媒质 1 垂直入射至媒质 2 时，由于电磁波不能穿入理想导体(理想导体内部电磁场为零)，全部电磁能量都被边界反射回来，即电磁波由理想媒质入射至理想导体时，只有反射波，没有透射波。

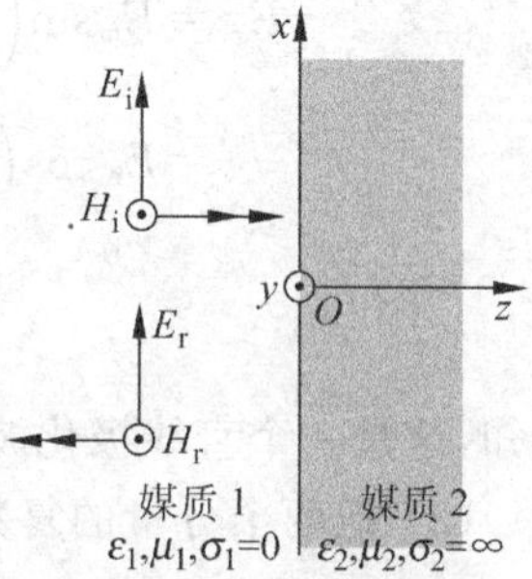

图 7-1 平面波对理想导体的垂直入射

设入射波是沿 $x$ 方向线极化波，则反射波也会是沿 $x$ 方向的线极化波(这样才能满足理想导体表面切向电场为零的边界条件)，入射波和反射波的电场强度、磁场强度分量(电磁波中电场强度矢量和磁场强度矢量彼此垂直且垂直于传播方向)用复矢量形式可分别表示如下：

入射波：$\dot{\boldsymbol{E}}_{\mathrm{i}}=E_{\mathrm{i0}}\mathrm{e}^{-\mathrm{j}k_1z}\boldsymbol{i}$ (7-24)

$$\dot{\boldsymbol{H}}_{\mathrm{i}}=\frac{E_{\mathrm{i0}}}{\eta_1}\mathrm{e}^{-\mathrm{j}k_1z}\boldsymbol{j} \tag{7-25}$$

反射波：$\dot{\boldsymbol{E}}_{\mathrm{r}}=E_{\mathrm{r0}}\mathrm{e}^{\mathrm{j}k_1z}\boldsymbol{i}$ (7-26)

$$\dot{\boldsymbol{H}}_{\mathrm{r}}=-\frac{E_{\mathrm{r0}}}{\eta_1}\mathrm{e}^{\mathrm{j}k_1z}\boldsymbol{j} \tag{7-27}$$

式中，$k_1=\frac{2\pi}{\lambda_1}$为媒质 1 中波数，$\eta_1=\frac{E_{1\mathrm{m}}}{H_{1\mathrm{m}}}=\sqrt{\frac{\mu_1}{\varepsilon_1}}$为媒质 1 中波阻抗。

比较入射波和反射波强度分量中的指数可知，入射波指数为负，该波沿 $z$ 轴正向传播，而反射波指数为正，表明该波沿 $z$ 轴负向传播；比较入射波和反射波的磁场强度分量可知，入射波磁场强度分量沿 $y$ 轴正向，而反射波磁场强度分量沿 $y$ 轴负向。

式(7-24)～式(7-27)中，电场强度的幅值 $E_{\mathrm{i0}}$ 和 $E_{\mathrm{r0}}$ 分别为 $z=0$ 处入射波和反射波电场的振幅，其值由 $z=0$ 处边界条件决定。该处总的切向电场应为零(理想导体表面只有电场强度的法向分量，无电场强度切向分量)，令 $z=0$，则由式(7-24)和式(7-26)得

$$E_{\mathrm{i0}}+E_{\mathrm{r0}}=0$$

即

$$E_{\mathrm{r0}}=-E_{\mathrm{i0}}$$

则媒质 1 中电场的合场强为

$$\dot{\boldsymbol{E}}_1=\dot{\boldsymbol{E}}_{\mathrm{i}}+\dot{\boldsymbol{E}}_{\mathrm{r}}=E_{\mathrm{i0}}(\mathrm{e}^{-\mathrm{j}k_1z}-\mathrm{e}^{\mathrm{j}k_1z})\boldsymbol{i}=-\mathrm{j}2E_{\mathrm{i0}}\sin k_1z\boldsymbol{i} \tag{7-28}$$

同理可得，媒质 1 中磁场的合场强为

$$\dot{\boldsymbol{H}}_1=\dot{\boldsymbol{H}}_{\mathrm{i}}+\dot{\boldsymbol{H}}_{\mathrm{r}}=\frac{E_{\mathrm{i0}}}{\eta_1}(\mathrm{e}^{-\mathrm{j}k_1z}+\mathrm{e}^{\mathrm{j}k_1z})\boldsymbol{j}=\frac{2E_{\mathrm{i0}}}{\eta_1}\cos k_1z\boldsymbol{j} \tag{7-29}$$

电场和磁场强度的瞬时值分别为

$$\boldsymbol{E}_1=2E_{\mathrm{i0}}\sin k_1z\cos\left(\omega t-\frac{\pi}{2}\right)\boldsymbol{i}=2E_{\mathrm{i0}}\sin k_1z\sin\omega t\boldsymbol{i} \tag{7-30}$$

$$\boldsymbol{H}_1=\frac{2E_{\mathrm{i0}}}{\eta_1}\cos k_1z\cos\omega t\boldsymbol{j} \tag{7-31}$$

由式(7-30)和式(7-31)可知，媒质 1 中合成波的相位仅随时间变化，不随空间变化，即合成波在空间没有移动，只是在原来的位置振动，这种波称为**驻波**。

由此二式还可以看出，合成波的电场分量振幅和磁场分量振幅都是随 $z$ 按三角函数规律变化，即合成波不再是简谐波，而是某些点始终保持振幅最大(这些点称为**波腹点**)，某些点始终保持振幅为零(这些点称为**波节点**)。

电场分量波节点对应的 $z$ 轴坐标由下式给出

$$k_1 z = -n\pi \quad (n=0,1,2,\cdots)$$

式中，波数 $k_1=\dfrac{2\pi}{\lambda_1}$，代入上式，可得电场分量的波节位置为

$$z=-\frac{n\lambda_1}{2} \tag{7-32}$$

磁场分量波节对应的 $z$ 轴坐标由下式给出

$$k_1 z = -(2n+1)\frac{\pi}{2}$$

可得磁场分量的波节点位置为

$$z=-(2n+1)\frac{\lambda_1}{4} \tag{7-33}$$

比较式(7-32)和式(7-33)可知，电场分量和磁场分量的波节点不在一处。

电场分量波腹点对应的 $z$ 轴坐标由下式给出

$$k_1 z = -(2n+1)\frac{\pi}{2} \quad (n=0,1,2,\cdots)$$

电场分量的波腹位置为

$$z=-(2n+1)\frac{\lambda_1}{4} \tag{7-34}$$

磁场分量波腹对应的 $z$ 轴坐标由下式给出

$$k_1 z = -n\pi$$

可得磁场分量的波腹点位置为

$$z=-\frac{n\lambda_1}{2} \tag{7-35}$$

把波腹点位置坐标与波节点位置坐标进行比较可知，磁场的波节点恰好是电场的波腹点，而磁场的波腹点恰好是电场的波节点，即这样的电磁波中，磁场能量最强时电场能量最弱，磁场能量最弱时电场能量最强，因而，驻波只是在两个波节之间进行电场能量和磁场能量的相互转换，而不能进行电磁能量的传输。

(2) 由理想介质入射至理想介质

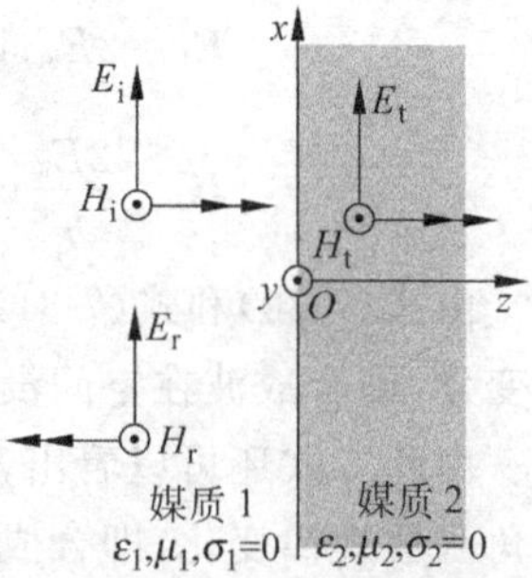

图 7-2 平面波对理想介质的垂直入射

如图 7-2 所示，若媒质 1 与媒质 2 都是理想介质($\sigma_1=\sigma_2=0$)，当 $x$ 方向线极化的均匀平面电磁波由媒质 1 垂直入射至两种媒质的交界面($z=0$)时，边界处既产生向 $z$ 轴负向传播的反射波，又有沿 $z$ 正向传播的透射波。根据电场切向连续的边界条件可知，反射波和透射波的电场分量也只有 $x$ 轴方向的分量。入射波和反射波的电场强度表示式与

式(7-24)～式(7-26)相同。透射波的电场强度和磁场强度的复矢量表达式分别为

$$\dot{\boldsymbol{E}}_{\mathrm{t}}=E_{\mathrm{t0}}\mathrm{e}^{-\mathrm{j}k_2 z}\boldsymbol{i} \tag{7-36}$$

$$\dot{\boldsymbol{H}}_{\mathrm{t}}=\frac{E_{\mathrm{t0}}}{\eta_2}\mathrm{e}^{-\mathrm{j}k_2 z}\boldsymbol{j} \tag{7-37}$$

式中，$k_2=\dfrac{2\pi}{\lambda_2}$为媒质 2 中波数，$\eta_2=\sqrt{\dfrac{\mu_2}{\varepsilon_2}}=\dfrac{E_{\mathrm{t0}}}{H_{\mathrm{t0}}}$为媒质 2 中波阻抗。

根据边界条件，交界面两侧的电场切向分量连续；交界面上无面电流，则两侧的磁场切向分量也是连续的。因此在 $z=0$ 处应有

$$E_{\mathrm{t0}}\boldsymbol{i}=E_{\mathrm{i0}}\boldsymbol{i}+E_{\mathrm{r0}}\boldsymbol{i} \tag{7-38}$$

$$\frac{E_{\mathrm{t0}}}{\eta_2}\boldsymbol{j}=\frac{E_{\mathrm{i0}}}{\eta_1}\boldsymbol{j}-\frac{E_{\mathrm{r0}}}{\eta_1}\boldsymbol{j} \tag{7-39}$$

分别对上两式进行相加及相减运算，可得

$$E_{\mathrm{r0}}=\frac{\eta_2-\eta_1}{\eta_2+\eta_1}E_{\mathrm{i0}}=RE_{\mathrm{i0}} \tag{7-40}$$

$$E_{\mathrm{t0}}=\frac{2\eta_2}{\eta_2+\eta_1}E_{\mathrm{i0}}=TE_{\mathrm{i0}} \tag{7-41}$$

式(7-40)中，$R$ 为边界上反射波电场强度与入射波电场强度之比，称为边界上的**反射系数**；$T$ 为边界上透射波电场强度与入射波电场强度之比，称为边界上的**折射系数**，即

$$R=\frac{E_{\mathrm{r0}}}{E_{\mathrm{i0}}}=\frac{\eta_2-\eta_1}{\eta_2+\eta_1} \tag{7-42}$$

$$T=\frac{E_{\mathrm{t0}}}{E_{\mathrm{i0}}}=\frac{2\eta_2}{\eta_2+\eta_1} \tag{7-43}$$

由上两式可知，$1+R=T$。

媒质 1 中电磁波为入射波和反射波的合成，即媒质 1 中电场强度和磁场强度的复矢量可分别表示为

$$\dot{\boldsymbol{E}}_1=E_{\mathrm{i0}}(\mathrm{e}^{-\mathrm{j}k_1 z}+R\mathrm{e}^{\mathrm{j}k_1 z})\boldsymbol{i}=E_{\mathrm{i0}}[(1+R)\mathrm{e}^{-\mathrm{j}k_1 z}+\mathrm{j}2R\sin(k_1 z)]\boldsymbol{i} \tag{7-44}$$

$$\dot{\boldsymbol{H}}_1=\frac{E_{\mathrm{i0}}}{\eta_1}(\mathrm{e}^{-\mathrm{j}k_1 z}-R\mathrm{e}^{\mathrm{j}k_1 z})\boldsymbol{j}=\frac{E_{\mathrm{i0}}}{\eta_1}[(1+R)\mathrm{e}^{-\mathrm{j}k_1 z}-\mathrm{j}2R\cos(k_1 z)]\boldsymbol{i} \tag{7-45}$$

由式(7-44)可知，媒质 1 中合成波的电场分量包含两部分：第一部分对应于一个沿 $z$ 轴正向传播的简谐波，称为**行波**；第二部分则对应一个振幅为 $2RE_{\mathrm{i0}}$ 的驻波。合成波电场分量幅值的最大值和最小值分别为

$$E_{1\max}=(1-R)E_{i0}$$

$$E_{1\min}=(1+R)E_{i0}$$

电场分量幅值的最大值和最小值的比值称为**驻波系数**(或**驻波比**),在工程中,常用它来描述合成波的特性,驻波比定义式为

$$S=\frac{E_{1\max}}{E_{1\min}}=\frac{1+|R|}{1-|R|} \tag{7-46}$$

用类似的方法我们分析式(7-45)可得,合成波中磁场分量也包含行波和驻波两部分,驻波系数与式(7-46)相同。用前面分析驻波波腹和波节的方法,我们也可以得出合成波中电场分量和磁场分量波腹和波节的坐标,并容易得出电场和磁场对应驻波的波节和波腹位置也恰好是互换的,因而,在反射波中驻波分量不进行电磁场能量的传输,电磁场能量的传输由行波分量负责。

媒质 2 中只有透射波,故任一点的电场强度和磁场强度的复矢量分别为

$$\boldsymbol{E}_2=TE_{i0}\mathrm{e}^{-\mathrm{j}k_2z}\boldsymbol{i} \tag{7-47}$$

$$\dot{\boldsymbol{H}}_2=\frac{TE_{i0}}{\eta_2}\mathrm{e}^{-\mathrm{j}k_2z}\boldsymbol{j} \tag{7-48}$$

显然,媒质 2 中的电磁波是随时间和空间变化的简谐行波,能量伴随着行波进行传播。

**例题 7-6** 波长为 0.6μm 的黄色激光由空气垂直入射到相对介电常数 $\varepsilon_r=3$ 的有机玻璃平面上。试求:(1)空气中电场波腹点离有机玻璃平面的距离 $d_{\max}$;(2)空气中的驻波比。

**解** (1) 令 $\varepsilon_1<\varepsilon_2$,由式(7-34)驻波的波腹位置公式可知

$$d_{\max}=\frac{(2n+1)\lambda_1}{4}=(0.15+0.30n)\mu\mathrm{m},\quad n=0,1,2,\cdots$$

$$(2)\ R=\frac{\eta_2-\eta_1}{\eta_2+\eta_1}=\frac{1-\sqrt{\dfrac{\varepsilon_2}{\varepsilon_1}}}{1+\sqrt{\dfrac{\varepsilon_2}{\varepsilon_1}}}=\frac{1-\sqrt{\varepsilon_r}}{1+\sqrt{\varepsilon_r}}=\frac{1-1.732}{1+1.732}=-0.268$$

$$S=\frac{(1+|R|)}{(1-|R|)}=\frac{(1+0.268)}{(1-0.268)}=1.73$$

### 7.4.2 均匀平面电磁波的斜入射

电磁波以非垂直方向入射到不同媒质的交界面上称为**斜入射**。电磁波斜入射时,入射波、反射波和透射波的传播方向都不垂直于交界面,我们称入射波的传播方向与分界面法向构成的平面为**入射面**,若入射波的电场分量垂直于入射面,则称该波为**垂直极化波**;若入射波电场分量平行于入射面,则称该波为**平行**

**极化波**。若入射波的电场分量与入射面成任意角度，则入射波可视为一个垂直极化波与一个平行极化波的合成，可见，分析垂直极化波和平行极化波的斜入射是基本的，也是重要的。

(1) 垂直极化波由理想介质入射至理想介质

如图7-3所示，$z=0$ 平面为两种媒质的交界面，$z<0$ 区域充满媒质1，$z>0$ 区域充满媒质2。入射面为 $xOz$ 平面。垂直极化波电场只有 $y$ 轴分量，磁场只有 $x$ 轴和 $z$ 轴分量。入射电磁波的电场和磁场分量分别为

$$E_{iy}=E_{i0}\,e^{-jk_1(z\cos\theta_i+x\sin\theta_i)}$$

$$H_{ix}=-\frac{E_{i0}}{\eta_1}\cos\theta_i\,e^{-jk_1(z\cos\theta_i+x\sin\theta_i)}$$

$$H_{iz}=\frac{E_{i0}}{\eta_1}\sin\theta_i\,e^{-jk_1(z\cos\theta_i+x\sin\theta_i)}$$

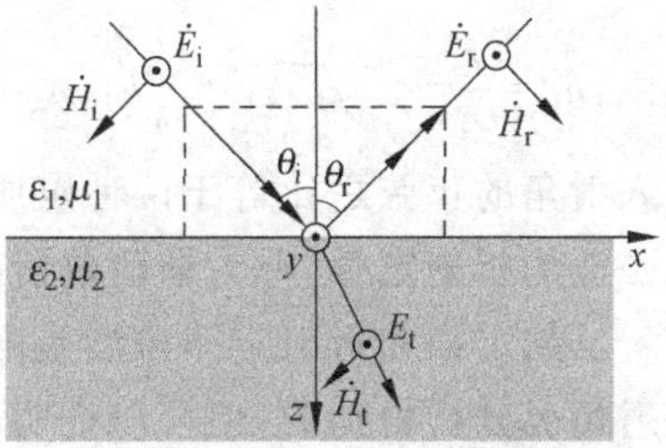

图7-3 垂直极化波的斜入射

反射波的电场和磁场分量分别为

$$E_{ry}=R_{\perp}E_{i0}\,e^{-jk_1(x\sin\theta_r-z\cos\theta_r)}$$

$$H_{rx}=R_{\perp}\frac{E_{i0}}{\eta_1}\cos\theta_r\,e^{-jk_1(x\sin\theta_r-z\cos\theta_r)}$$

$$H_{rz}=\frac{R_{\perp}E_{i0}}{\eta_1}\sin\theta_r\,e^{-jk_1(x\sin\theta_r-z\cos\theta_r)}$$

透射波的电场和磁场分量分别为

$$E_{ty}=T_{\perp}E_{i0}\,e^{-jk_2(x\sin\theta_t+z\cos\theta_t)}$$

$$H_{tx}=-\frac{T_{\perp}E_{i0}}{\eta_1}\cos\theta_t\,e^{-jk_2(x\sin\theta_t+z\cos\theta_t)}$$

$$H_{tz}=\frac{T_{\perp}E_{i0}}{\eta_1}\sin\theta_t\,e^{-jk_2(x\sin\theta_t+z\cos\theta_t)}$$

上式中，$R_{\perp}$ 为**垂直反射系数**，$T_{\perp}$ 为**垂直透射系数**，分别为

$$R_{\perp}=\frac{\eta_2\cos\theta_i-\eta_1\cos\theta_r}{\eta_2\cos\theta_i+\eta_1\cos\theta_r}$$

$$T_{\perp}=\frac{2\eta_2\cos\theta_i}{\eta_2\cos\theta_i+\eta_1\cos\theta_r}$$

根据边界条件，电场在边界处切向连续，可得

$$k_1\sin\theta_r=k_1\sin\theta_i=k_2\sin\theta_t \tag{7-49}$$

即

$$\theta_i=\theta_r \tag{7-50}$$

式(7-50)表明，反射角与入射角相等，这就是电磁波的**反射定律**，称为**斯耐尔反射定律**。

根据式(7-49)我们还可以得到

$$\frac{\sin\theta_t}{\sin\theta_i}=\frac{k_1}{k_2}=\frac{n_1}{n_2} \tag{7-51}$$

式中，$n_1=\frac{c}{v_1}=c\sqrt{\mu_1\varepsilon_1}=\frac{c}{\omega}k_1$，$n_2=\frac{c}{v_2}=c\sqrt{\mu_2\varepsilon_2}=\frac{c}{\omega}k_2$。式(7-51)表明，透射角与入射角的正弦之比等于两种媒质中波数的反比，也等于折射率的反比，这就是电磁波的**折射定律**，称为**斯耐尔折射定律**。

反射定律和折射定律虽然是由垂直极化波在两个理想介质交界面处反射和透射情况分析得到的，但可以证明，此二定律在其他情况下依然适用。

(2) 平行极化波由理想介质入射至理想介质

平行极化波斜入射至两种理想介质的交界面处时，入射波、反射波和透射波的电场强度既有 $x$ 轴分量又有 $z$ 轴分量，磁场强度仅有 $y$ 轴分量。入射波的电场强度分量和磁场强度分量分别为

$$E_{ix}=E_{i0}\cos\theta_i\,e^{-jk_1(x\sin\theta_i+z\cos\theta_i)}$$

$$E_{iz}=-E_{i0}\sin\theta_i\,e^{-jk_1(x\sin\theta_i+z\cos\theta_i)}$$

$$H_{iy}=\frac{E_{i0}}{\eta_1}e^{-jk_1(x\sin\theta_i+z\cos\theta_i)}$$

反射波的电场强度分量和磁场强度分量分别为

$$E_{rx}=-R_{\parallel}E_{i0}\cos\theta_r\,e^{-jk_1(x\sin\theta_r-z\cos\theta_r)}$$

$$E_{rz}=-R_{\parallel}E_{i0}\sin\theta_r\,e^{-jk_1(x\sin\theta_r-z\cos\theta_r)}$$

$$H_{ry}=\frac{R_{\parallel}E_{i0}}{\eta_1}e^{-jk_1(x\sin\theta_r-z\cos\theta_r)}$$

透射波的电场强度分量和磁场强度分量分别为

$$E_{tx}=T_{\parallel}E_{i0}\cos\theta_2\,e^{-jk_2(x\sin\theta_t+z\cos\theta_t)}$$

$$E_{tz}=-T_{\parallel}E_{i0}\sin\theta_2\,e^{-jk_2(x\sin\theta_t+z\cos\theta_t)}$$

$$H_{ty}=\frac{T_{\parallel}E_{i0}}{\eta_2}e^{-jk_2(x\sin\theta_t+z\cos\theta_t)}$$

上式中，$R_{\parallel}$ 称为**平行反射系数**，$T_{\parallel}$ 称为**平行透射系数**，二者值分别为

$$R_{\parallel}=\frac{\eta_1\cos\theta_i-\eta_2\cos\theta_r}{\eta_1\cos\theta_i+\eta_2\cos\theta_r}$$

$$T_{\parallel}=\frac{2\eta_2\cos\theta_i}{\eta_1\cos\theta_i+\eta_2\cos\theta_r}$$

## 小结

本章主要以均匀平面电磁波为例，研究电磁波在介质中的传播特点和规律，分析电磁波的极化和衰减问题。

**1. 均匀平面电磁波的传播特点**

1）在理想介质中的传播特点

（1）电场与磁场的振幅保持不变，且二者振动同相位。

（2）电磁波的传播速度（相速）与介质情况有关，与频率无关。

$$v=\frac{\lambda}{T}=\frac{1}{\sqrt{\mu\varepsilon}}$$

（3）电磁波是横波，电场振动和磁场振动方向都与传播方向垂直，且电场振动与磁场振动彼此垂直。

（4）波阻抗为实数，是由介质情况决定的常数。

$$\eta=\frac{E_m}{H_m}=\sqrt{\frac{\mu}{\varepsilon}}$$

（5）电场能量密度等于磁场能量密度。

$$w=w_e+w_m=\varepsilon E^2=\mu H^2$$

$$w_{av}=\frac{1}{2}\varepsilon E_m^2=\frac{1}{2}\mu H_m^2$$

2）在导电媒质中的传播特点

电磁波在导电媒质中传播时会有衰减，不同媒质对不同频率电磁波的衰减情况不同。

（1）导电媒质的分类

| 种　　类 | $\sigma/\omega\varepsilon$ 取值范围 |
|---|---|
| （电）介质 | $<0.01$ |
| 不良导体 | $0.01\sim100$ |
| 良导体 | $>100$ |

(2) 在良导体中的传播

电磁波在良导体中衰减极快,场强振幅随传播距离的增加按照指数规律衰减。高频率的电磁波仅能传入良导体表面的薄层内,这种现象称为集肤效应,对应的集肤深度(或穿透深度)为

$$\delta=\sqrt{\frac{1}{\pi f\mu\sigma}}$$

**2. 电磁波的极化**

(1) 直线极化波:任何两个同频率、同传播方向且振动方向相互垂直的电磁波,当它们的相位差为 $\pi$ 的整数倍时,其合成波为直线极化波。

(2) 圆极化波:任何两个同频率、同振幅、同传播方向且振动方向相互垂直的电磁波,当它们的相位差为 $\pm\pi/2$ 时,其合成波为圆极化波。

(3) 椭圆极化波:任何两个同频率、同传播方向且振动方向相互垂直的电磁波,当它们不是直线极化波,也不是圆极化波时,其合成波为椭圆极化波。

**3. 电磁波的反射与透射**

1) 电磁波的垂直入射

(1) 由理想介质入射到理想导体

只有反射波,没有透射波,在入射场区域电场强度分量和磁场强度分量叠加形成驻波。电场强度驻波的波腹位置恰好与磁场强度驻波的波节位置重合。

(2) 由理想介质入射到理想介质

既有反射波,又有透射波。反射系数和透射系数分别为

$$R=\frac{E_{r0}}{E_{i0}}=\frac{\eta_2-\eta_1}{\eta_2+\eta_1}$$

$$T=\frac{E_{t0}}{E_{i0}}=\frac{2\eta_2}{\eta_2+\eta_1}$$

驻波比为

$$S=\frac{1+|R|}{1-|R|}$$

2) 电磁波的斜入射

(1) 垂直极化波的斜入射

反射定律 $\theta_i=\theta_r$

折射定律 $\frac{\sin\theta_t}{\sin\theta_i}=\frac{k_1}{k_2}=\frac{n_1}{n_2}$

(2) 平行极化波的斜入射

# 习题 7

7-1　在空气中，均匀平面电磁波沿 $z$ 轴正向传播，电场强度振动沿 $x$ 轴方向，振幅为 800V/m，波长为 0.61m。试求：(1)频率；(2)周期；(3)波数；(4)磁场强度振幅。

7-2　有一均匀平面波在 $\mu=\mu_0,\varepsilon=4\varepsilon_0,\sigma=0$ 的媒质中传播，其电场强度 $\boldsymbol{E}=E_m\sin\left(\omega t-kz+\frac{\pi}{3}\right)\boldsymbol{i}$ V/m，若已知平面波的频率为 150MHz，平均功率密度为 $0.265\mu\mathrm{W/m^2}$。试求：(1)波数；(2)相速；(3)波长；(4)波阻抗；(5)$t=0,z=0$ 时的电场强度值；(6)磁场强度振幅。

7-3　理想介质($\mu=\mu_0,\varepsilon=\varepsilon_r\varepsilon_0,\sigma=0$)中有一均匀平面电磁波沿 $x$ 轴正向传播，电场强度瞬时值表达式为

$$\boldsymbol{E}=377\cos(10^9t-5x)\boldsymbol{j}\ \mathrm{V/m}$$

试求：(1)介质的相对介电常数；(2)磁场强度瞬时值表达式；(3)平均功率密度。

7-4　已知介质的参数为 $\varepsilon_r=2.5,\mu_r=1$，对于频率为 3GHz 电磁波介质损耗角正切值为 200。试求：(1)判断介质的类型；(2)介质的电导率；(3)对于此频率电磁波介质的集肤深度。

7-5　常见的微波器件通常用黄铜制成，并在其导电层的表面涂上一薄层的银(厚度为集肤深度的 5 倍)，就能保证表面电流主要在银层通过。设银的参数为 $\sigma=6.15\times10^7\mathrm{S/m},\mu_r=1$。试求：对于频率为 3GHz 的高频电磁波，银层至少需要镀多厚。

7-6　判断下列均匀平面波的极化形式。

(1) $\boldsymbol{E}=2\cos\left(\omega t-kz-\frac{\pi}{4}\right)\boldsymbol{i}+2\cos\left(\omega t-kz+\frac{\pi}{4}\right)\boldsymbol{j}$

(2) $\dot{\boldsymbol{E}}=3(\boldsymbol{i}+\mathrm{j}\boldsymbol{j})\mathrm{e}^{-\mathrm{j}kz}$

(3) $\dot{\boldsymbol{E}}=(3\boldsymbol{i}+2\boldsymbol{j})\mathrm{e}^{-\mathrm{j}kz}$

(4) $\boldsymbol{E}=2\cos(\omega t-kz)\boldsymbol{i}+3\sin\left(\omega t-kz+\frac{\pi}{3}\right)\boldsymbol{j}$

7-7　如图 7-4 所示，设一电磁波，其电场沿 $x$ 方向，频率为 1GHz，振幅为 100V/m，初相位为零，垂直入射到一无耗媒质($\varepsilon_r=2.1$)表面。试求：每一区域中的波阻抗和波数。

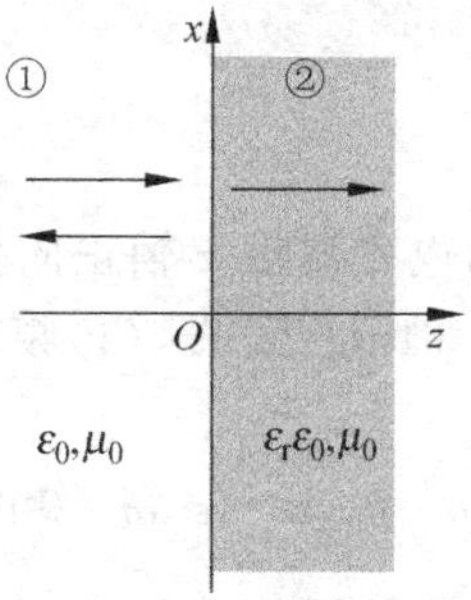


图 7-4　习题 7-7 用图

7-8　一均匀平面波自空气中垂直入射到半无限大的无耗媒质表面上，已知空气中合成波的驻波比为 3，媒质内透射波的波长是空气中波长的 1/6，且媒质表面上为合成波电场的最小点。求媒质的相对磁导率 $\mu_r$ 和相对介电常数 $\varepsilon_r$。

7-9　均匀平面波的电场振幅为 $E_{im}=100\text{V/m}$，从空气中垂直入射到无损耗介质平面上（介质的 $\sigma_2=0, \varepsilon_{r2}=4, \mu_{r2}=1$）。试求：反射波与透射波的电场振幅。

# 第8章 导行电磁波

沿着波导装置传播的电磁波称为**导行电磁波**。所谓**波导**，就是指横截面具有一定形状（如矩形、圆形或者椭圆形等）的金属管或者介质空心管或者实心管。波导中传输的电磁波，既是空间的函数，又是时间的函数。

本章以规则（横截面尺寸、形状不变，填充介质均匀）的长直金属波导为例分析 TE 波（H 波）、TM 波（E 波）的传输特性。

## 8.1 沿均匀波导装置传输电磁波的一般分析

### 8.1.1 纵向场分量与横向场分量之间的关系

设电磁波在无耗的媒质中沿 $z$ 轴正向传输，角频率为 $\omega$ 的正弦电磁波满足无源区域的麦克斯韦方程，即

$$\begin{aligned}\nabla\times\dot{\boldsymbol{H}}&=\mathrm{j}\omega\varepsilon\dot{\boldsymbol{E}}\\ \nabla\times\dot{\boldsymbol{E}}&=-\mathrm{j}\omega\mu\dot{\boldsymbol{H}}\end{aligned}\tag{8-1}$$

对于沿 $z$ 轴正向传输的电磁波，把式(8-1)沿波导的横向和纵向展开，可得横向场和纵向场的电场强度、磁场强度对应的关系分别为

$$\begin{aligned}&\nabla_t\times\dot{\boldsymbol{H}}_t=\mathrm{j}\omega\varepsilon\dot{\boldsymbol{E}}_z\\ &\nabla_t\times\dot{\boldsymbol{H}}_z+\boldsymbol{e}_z\times\frac{\partial\dot{\boldsymbol{H}}_t}{\partial z}=\mathrm{j}\omega\varepsilon\dot{\boldsymbol{E}}_t\\ &\nabla_t\times\dot{\boldsymbol{E}}_t=-\mathrm{j}\omega\varepsilon\dot{\boldsymbol{H}}_z\\ &\nabla_t\times\dot{\boldsymbol{E}}_z+\boldsymbol{e}_z\times\frac{\partial\dot{\boldsymbol{E}}_t}{\partial z}=-\mathrm{j}\omega\mu\dot{\boldsymbol{H}}_t\end{aligned}\tag{8-2}$$

解式(8-2)方程组，可得横向场和纵向场电场强度和磁场强度对应的波动方程分别为

$$\begin{aligned}
\nabla^2 E_t + k^2 E_t &= 0 \\
\nabla^2 H_t + k^2 H_t &= 0 \\
\nabla^2 E_z + k^2 E_z &= 0 \\
\nabla^2 H_z + k^2 H_z &= 0
\end{aligned} \tag{8-3}$$

式(8-3)中，$k=\omega\sqrt{\mu\varepsilon}$为电磁波在媒质中的波数。由分离变量法可知，对于在波导中沿着 $z$ 方向传输的电磁波式(8-3)中的 $E_z$ 和 $H_z$ 的解，一定随着传输距离的增大而按指数规律衰减，可表示为 $f(x,y)\mathrm{e}^{-\gamma z}$ 的形式($\gamma=\sqrt{k_c^2-k^2}$，称为导行电磁波的**传输常数**)。解波动方程，可得横向场分量与纵向场分量间的关系为

$$E_t=\frac{1}{k_c^2}(-\gamma\nabla_t E_z+\mathrm{j}\omega\mu z\times\nabla_t H_z)$$

$$E_z=\frac{1}{k_c^2}(-\gamma\nabla_t H_z-\mathrm{j}\omega\mu z\times\nabla_t E_z)$$

其中，将柱面坐标系中的$\nabla_t$算子代入，可得横向场电场分量的表达式为

$$\nabla_t^2 E+k_c^2 E=0 \tag{8-4}$$

用类似的方法，我们可以得出纵向场电场分量的表达式，以及磁场分量的横向场和纵向场表达式，在此我们不做详细分析，有兴趣的读者可自行推演。

### 8.1.2 导行波波型的分类

根据波导中电磁波的电场分量和磁场分量的取值情况，可以把导行波波型进行分类。

(1) 横电磁波(TEM 波)

此传输模式没有电磁场的纵向场量，即 $E_z=H_z=0$。

由上式可知，此类波若使横向场不为零($E_t\neq 0, H_t\neq 0$)，应有 $k_c=0$，即

$$\gamma=\sqrt{k_c^2-k^2}=\mathrm{j}\beta=\mathrm{j}k_z$$

此波的波动方程为

$$\begin{aligned}
\nabla_t\times E_t &= 0 \\
\nabla_t^2 E_t &= 0 \\
\nabla_t\times H_t &= 0 \\
\nabla_t^2 H_t &= 0 \\
H_t &= \frac{1}{\eta}e_z\times E_t
\end{aligned} \tag{8-5}$$

(2) 横电波(TE 波)或磁波(H 波)

此波型的特征是 $E_z=0, H_z\neq 0$，所有的场分量可由纵向磁场分量 $H_z$ 求出。

(3) 横磁波(TM 波)或电波(E 波)

此波型的特征是 $E_z \neq 0, H_z = 0$,所有的场分量可由纵向电场分量 $E_z$ 求出。

### 8.1.3　导行波的传输特性

**1. 截止波长与传输条件**

沿 $z$ 轴正向传输导行波的场量都有因子 $e^{-\gamma z}$($\gamma = \alpha + j\beta$ 为传播常数),由前面的推导可知

$$\gamma^2 = k_c^2 - k^2$$

对于理想导波系统,波数 $k$ 为实数,而 $k_c$ 是由导波系统横截面的边界条件决定的,也是实数。这样随着工作频率的不同,$\gamma^2$ 可能有下述三种情况:

(1) $\gamma^2 < 0$,即 $\gamma = j\beta$。此时导行波的场为

$$E = E(x, y) e^{j(\omega t - \beta z)}$$

(2) $\gamma^2 > 0$,即 $\gamma = \alpha$。此时导行波的场为

$$E = E(x, y) e^{-\alpha x} e^{j\omega t}$$

显然这不是传输波,而是沿 $z$ 轴以指数规律衰减的,称其为**截止状态**。

(3) $\gamma^2 = 0$,这是介于传输与截止之间的一种状态,称其为**临界状态**,它是决定电磁波能否在导波系统中传输的分水岭。这时由 $k_c^2 = k^2$ 所决定的频率($f_c$)和波长($\lambda_c$)分别称为**截止频率**和**截止波长**,并且

$$f_c = \frac{k_c}{2\pi \sqrt{\mu\varepsilon}}$$
$$\lambda_c = \frac{v}{f_c} = \frac{2\pi}{k_c} \tag{8-6}$$

式(8-6)中,$v = 1/\sqrt{\mu\varepsilon}$为无限介质中电磁波的相速;$k_c = \frac{2\pi}{\lambda_c}$为**截止波数**。导波系统传输 TE 波和 TM 波的条件为 $f > f_c$ 或 $\lambda < \lambda_c$,截止条件为 $f < f_c$ 或 $\lambda > \lambda_c$。对于 TEM 波,由于 $k_c = 0$,即 $f_c = 0, \lambda_c = \infty$,因此在任何频率下,TEM 都能满足 $f > f_c = 0$ 的传输条件,均是传输状态,也就是说 TEM 波不存在截止频率。

**2. 波导波长**

设波导中波长用字母 $\lambda_g$ 表示,根据

$$k_z = \beta = \frac{2\pi}{\lambda_g} \quad 或 \quad \lambda_g = \frac{2\pi}{\beta} = \frac{2\pi}{k_z}$$

在传输状态下,$\gamma = j\beta = jkz$,则

$$k_z = \beta = \sqrt{k^2 - k_c^2} = k\sqrt{1 - \frac{k_c^2}{k^2}}$$

将 $k_c=\frac{2\pi}{\lambda_c}$，$k=\frac{2\pi}{\lambda}=\frac{2\pi}{\lambda_0\sqrt{\mu_r\varepsilon_r}}$代入上式得

$$k_z=\beta=k\sqrt{1-\left(\frac{\lambda}{\lambda_c}\right)^2}=\frac{2\pi}{\lambda}\sqrt{1-\left(\frac{\lambda}{\lambda_c}\right)^2}$$

可得

$$\lambda_g=\frac{\lambda}{\sqrt{1-\left(\frac{\lambda}{\lambda_c}\right)^2}}=\frac{\lambda_0/\sqrt{\mu_r\varepsilon_r}}{\sqrt{1-\left(\frac{\lambda_0}{\lambda_c}\right)^2\left(\frac{1}{\mu_r\varepsilon_r}\right)}} \tag{8-7}$$

对于 TEM 波，$\lambda_c=\infty$，有

$$\lambda_g=\lambda_p=\lambda=\frac{\lambda_0}{\sqrt{\mu_r\varepsilon_r}} \tag{8-8}$$

**3. 相速、群速和色散**

(1) 相速

**相速**是指电磁波相位的传播速度，即波导中波的传播速度。

$$v_p=\frac{v}{\sqrt{1-\left(\frac{\lambda}{\lambda_c}\right)^2}} \tag{8-9}$$

式中，$v=\frac{c}{\sqrt{\mu_r\varepsilon_r}}$。

对于 TEM 波($\lambda_c\to\infty$)，有

$$v_p=v=\frac{c}{\sqrt{\mu_r\varepsilon_r}} \tag{8-10}$$

(2) 群速

**群速**是指一群具有相近的 $\omega$ 和 $k_z$ 的波群在传输过程中的"共同"速度，或者说是已调波包络的速度。从物理概念上来看，这种速度就是能量的传播速度，其一般公式为

$$v_g=\frac{\mathrm{d}\omega}{\mathrm{d}\beta}$$

$$k_z=\sqrt{k^2-k_c^2}=\sqrt{\omega^2\mu\varepsilon-k_c^2} \tag{8-11}$$

$$v_g=\frac{\mathrm{d}\omega}{\mathrm{d}\beta}=v\sqrt{1-\left(\frac{\lambda}{\lambda_c}\right)^2}$$

可见，群速 $v_g<v$，并且

$$v_g\cdot v_p=v^2$$

对于 TEM 波($\lambda_c\to\infty$)，有

$$v_g-v_p=v$$

(3) 色散

由式(8-10)和式(8-11)可知,TE 波和 TM 波的相速和群速都随波长(即频率)而变化,称此现象为**色散**。因此 TE 波和 TM 波(即非 TEM 波)称为"色散"波,而 TEM 波的相速和群速相等,且与频率无关,称为"非色散"波。

(4) 波阻抗

$$Z_{TE}=\frac{E_{u_1}}{H_{u_2}}=\frac{-E_{u_2}}{H_{u_1}}=\frac{\omega\mu}{\beta}=\sqrt{\frac{\mu}{\varepsilon}}\frac{k}{\beta}=\frac{\eta}{\sqrt{1-\left(\frac{\lambda}{\lambda_c}\right)^2}} \tag{8-12}$$

$$Z_{TM}=\frac{E_u}{H_v}=\frac{-E_v}{H_u}=\frac{\beta}{\omega\varepsilon}=\sqrt{\frac{\mu}{\varepsilon}}\frac{\beta}{k}=\eta\sqrt{1-\left(\frac{\lambda}{\lambda_c}\right)^2} \tag{8-13}$$

对于 TEM 波,有

$$Z_{TEM}=\eta=120\pi\sqrt{\frac{\mu_r}{\varepsilon_r}} \tag{8-14}$$

(5) 传输功率

沿无耗规则波导系统 $z$ 方向传输的平均功率为

$$\begin{aligned}P_0 &= \mathrm{Re}\left[\int_S \frac{1}{2}(\dot{\boldsymbol{E}}\times\dot{\boldsymbol{H}}^*)\cdot \mathrm{d}\boldsymbol{S}\right]=\frac{1}{2}\mathrm{Re}\left[\int_S(\dot{\boldsymbol{E}}_t\times\dot{\boldsymbol{H}}_t^*)\cdot \boldsymbol{e}_z\mathrm{d}\boldsymbol{S}\right]\\ &=\frac{1}{2\mid Z\mid}\int_S \mid E_t\mid^2\mathrm{d}S=\frac{\mid Z\mid}{2}\int_S\mid H_t\mid^2\mathrm{d}S\end{aligned} \tag{8-15}$$

式中,$Z=Z_{TE}$或$Z_{TM}$或$Z_{TEM}$。

### 8.1.4　模式电压与模式电流

模式电压与模式电流是指波导中电压、电流的函数关系。我们由电压与场强的关系入手,推导二者的函数形式如下

**1. TM 波**

$$E_t=-\nabla_t\varphi(x,y,z)$$
$$\varphi(x,y,z)=U(z)\varphi(x,y)$$
$$E_t=-U(z)\nabla_t\varphi(x,y)$$
$$H_t=I(z)\nabla_t\varphi(x,y)\times e_z$$
$$E_z=-\frac{I(z)}{\mathrm{j}\omega\varepsilon}\nabla_t^2\varphi(x,y)$$

式中

$$I(z)=-\int \mathrm{j}\omega\varepsilon U(z)\mathrm{d}z$$

$$\frac{\nabla_t^2\varphi}{\varphi}=\frac{\mathrm{j}\omega\varepsilon}{I(z)}\frac{\mathrm{d}U(z)}{\mathrm{d}z}-k^2$$

上式左边仅是横向坐标$(x,y)$的函数,右边仅是纵向坐标 $z$ 的函数,要使等式成立,两边必须等于同一常数$-k_c^2$,即

$$\nabla_t^2\varphi+\nabla_c^2\varphi=0$$

$$\frac{\mathrm{d}U(z)}{\mathrm{d}z}=-\frac{\gamma^2}{\mathrm{j}\omega\varepsilon}I(z)=-\mathrm{j}Z_{\mathrm{TM}}\beta I(z)$$

式中 $\gamma=\mathrm{j}\beta\sqrt{k_c^2-k^2}$,$Z_{\mathrm{TM}}=\dfrac{\beta}{\omega\varepsilon}$

$$\frac{\mathrm{d}I(z)}{\mathrm{d}z}=-\mathrm{j}\omega\varepsilon U(z)=-\mathrm{j}\frac{\beta}{Z_{\mathrm{TM}}}U(z)$$

$$\begin{cases}\dfrac{\mathrm{d}^2U(z)}{\mathrm{d}z^2}-\gamma^2U(z)=\dfrac{\mathrm{d}^2U(z)}{\mathrm{d}z^2}+\beta^2U(z)=0\\[2ex]\dfrac{\mathrm{d}^2I(z)}{\mathrm{d}z}-\gamma^2I(z)=\dfrac{\mathrm{d}^2I(z)}{\mathrm{d}z^2}+\beta^2I(z)=0\end{cases}$$

求解上两个方程,可分别得出电压和电流的表达式为

$$\begin{cases}U(z)=A_1\mathrm{e}^{-\mathrm{j}\beta z}\\[1ex]I(z)=\dfrac{A_1}{Z_{\mathrm{TM}}}\mathrm{e}^{-\mathrm{j}\beta z}\end{cases}\tag{8-16}$$

式(8-16)表明,波导中传输的 TM 波的电压和电流也均按正弦规律变化。

**2. TE 波**

TE 波型电场的纵向分量 $E_z=0$,代入公式,得$\nabla_t\times H_t=0$,采用与 TM 波类似的方法,可以得出 TE 波形的电压、电流表达式为

$$\begin{cases}U(z)=A_1\mathrm{e}^{-\mathrm{j}\beta z}\\[1ex]I(z)=\dfrac{A_1}{Z_{\mathrm{TE}}}\mathrm{e}^{-\mathrm{j}\beta z}\end{cases}\tag{8-17}$$

式(8-17)说明,波导中传输的 TE 波的电压和电流也均按正弦规律变化。

**3. TEM 波**

横电磁波的纵向电磁场分量都为零,即 $E_z=0$,$H_z=0$,故 $E=E_t$,$H=H_t$。显然,如果 TM 波的 $E_z$(或 TM 波的 $H_z$)等于零,它就变成了 TEM 波,对应的电压电流关系为

$$\begin{cases}U(z)=A_1\mathrm{e}^{-\mathrm{j}\beta z}\\[1ex]I(z)=\dfrac{A_1}{Z_{\mathrm{TEM}}}\mathrm{e}^{-\mathrm{j}\beta z}\end{cases}\tag{8-18}$$

式中，$Z_{\text{TEM}}=\omega\mu/\beta=\sqrt{\mu/\varepsilon}=\eta$，$\beta=k_z=\omega\sqrt{\mu\varepsilon}$。式(8-18)表明，TEM 波的电压与电流也是按照正弦规律变化的。

### 8.1.5　边界条件

波导系统中电磁波的传输问题属于电磁场的边值问题，即在给定边界条件下(理想导体与介质的边界)求解电磁波动方程的问题。边界上，法向与切向分别用 $\boldsymbol{n}$ 和 $\boldsymbol{t}$ 表示，如图 8-1 所示。

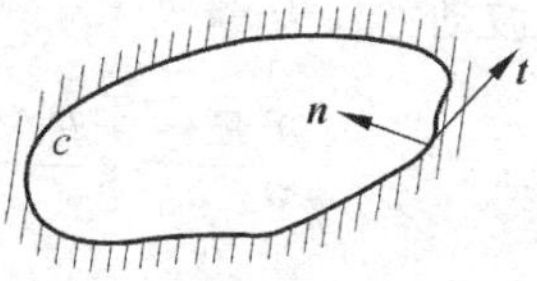


图 8-1　波导横截面的法向与切向

由于波导为理想导体制成，其内电场与磁场都为零，根据边界条件，可得空腔内电场和磁场的切、法向分量分别为

$$\begin{cases} E_{\mathrm{t}}=0 \\ H_{\mathrm{t}}=J_S \\ D_{\mathrm{n}}=\rho_S \\ B_{\mathrm{n}}=0 \end{cases}$$

对于 TM 波，其边界条件为

$$E_z|_c=0$$

$$E_z=-\frac{I(z)}{\mathrm{j}\omega\varepsilon}\nabla_t^2\varphi=\frac{I(z)}{\mathrm{j}\omega\varepsilon}k_c^2\varphi$$

由于 $k_c\neq0$，所以有 $\phi|_c=0$

对于 TE 波，其边界条件为$\left.\frac{\partial H_z}{\partial n}\right|_c=0$

用横向分布函数表示时有$\left.\frac{\partial\varphi}{\partial n}\right|_c=0$

对于 TEM 波，其边界条件为 $E_t|_c=0$

或者是用横向分布函数表示为$\left.\frac{\partial\varphi}{\partial n}\right|_c=0$

## 8.2　矩形波导

横截面为矩形的波导称为**矩形波导**，如图 8-2 所示，由于矩形波导是单导体波导，故其内不能传输 TEM 波，本节主要讨论其内传输的 TM 波和 TE 波的传播特性。

### 8.2.1 矩形波导中的 TM 波

如图 8-2 所示，设矩形波导截面宽边尺寸为 $a$，窄边尺寸为 $b$，波导空腔内介质介电常数和磁导率分别为 $\varepsilon,\mu$。根据 TM 波 $\nabla_t^2 E+k_c^2 E=0$，可得电场沿着波的传播方向 $z$ 的波动方程为

$$\frac{\partial^2 E_z}{\partial x^2}+\frac{\partial^2 E_z}{\partial y^2}+k_c^2 E_z=0$$

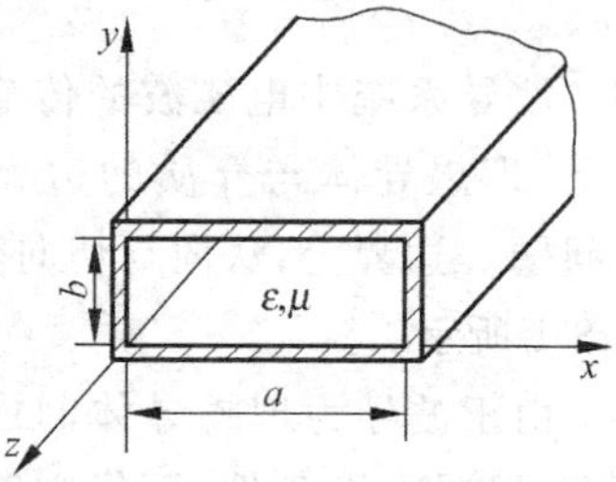

图 8-2　矩形波导

我们可以用分离向量法设

$$E_z(x,y)=x(x)y(y)$$

并代入上式，有

$$y\frac{\mathrm{d}^2 x}{\mathrm{d}x^2}+x\frac{\mathrm{d}^2 y}{\mathrm{d}y^2}=-k_c^2 xy$$

上式两边除以 $xy$，得

$$\frac{\frac{\mathrm{d}^2 x}{\mathrm{d}x^2}}{x}+\frac{\frac{\mathrm{d}^2 y}{\mathrm{d}y^2}}{y}=-k_c^2$$

这里的 $x$ 和 $y$ 是互不相关的独立变量。欲使上式对任意 $x$ 和 $y$ 值都成立，只有等式左边的两项分别等于常数。因此，可令

$$\frac{1}{x}\frac{\mathrm{d}^2 x}{\mathrm{d}x^2}=-k_x^2$$

$$\frac{1}{y}\frac{\mathrm{d}^2 y}{\mathrm{d}y^2}=-k_y^2$$

又 $k_x^2+k_y^2=k_c^2$，解方程，可得

$$X=c_1\cos k_x x+c_2\sin k_x x$$

$$Y=c_3\cos k_y y+c_4\sin k_y y$$

$\boldsymbol{E}_z$ 的通解为

$$E_z=(c_1\cos k_x x+c_2\sin k_x x)(c_3\cos k_y y+c_4\sin k_y y) \tag{8-19}$$

解得方程，求出四个系数：

(1) 当 $x=0$ 时，$E_z=0$，有

$$E_z=c_1(c_3\cos k_y y+c_4\sin k_y y)=0$$

欲使上式对所有 $y$ 值成立，则 $c_1$ 应等于零，代入式(8-19)，有

$$E_z=c_2\sin k_x x(c_3\cos k_y y+c_4\sin k_y y) \tag{8-20}$$

(2) 当 $y=0$ 时，$E_z=0$，有

$$E_z=c_2c_3\sin k_x x=0$$

欲使上式对所有 $x$ 值成立，则 $c_3$ 应为零。此时 $c_2$ 不能为零(若 $c_2$ 等于零，则 $E_z$ 在非边界处也恒为零，这与 TM 波的情况不符)，代入式(8-20)，有

$$E_z=c_2c_4\sin k_x x\sin k_y y=E_0\sin k_x x\sin k_y y \tag{8-21}$$

(3) 当 $x=a$ 时，$E_z=0$，有

$$E_z=E_0\sin k_x a\sin k_y y=0$$

欲使上式对所有 $y$ 值成立，应 $k_x=\frac{m\pi}{a}(m=1,2,3,\cdots)$(注：$m$ 不能等于零，否则 $k_x=0$，则 $E_z$ 等于零，不符合 TM 波情况)。代入式(8-21)，有

$$E_z=E_0\sin\frac{m\pi}{a}x\sin k_y y \tag{8-22}$$

(4) 当 $y=b$ 时，$E_z=0$，有

$$E_z=E_0\sin\frac{\pi}{a}x\sin k_y b=0$$

欲使上式对所有 $x$ 值成立，应 $k_y=\frac{n\pi}{b}(n=1,2,3,\cdots)$，代入式(8-22)，有

$$E_z=E_0\sin\frac{m\pi}{a}x\sin\frac{n\pi}{b}y$$

则求出电场强度和磁场强度的瞬时形式为

$$E_x=-\mathrm{j}\frac{k_z}{k_c^2}\left(\frac{m\pi}{a}\right)E_0\cos\frac{m\pi}{a}x\sin\frac{n\pi}{b}y\,\mathrm{e}^{\mathrm{j}(\omega t-k_z z)}$$

$$E_y=-\mathrm{j}\frac{k_z}{k_c^2}\left(\frac{n\pi}{a}\right)E_0\sin\frac{n\pi}{a}x\cos\frac{n\pi}{b}y\,\mathrm{e}^{\mathrm{j}(\omega t-k_z z)}$$

$$E_z=E_0\sin\frac{m\pi}{a}x\sin\frac{n\pi}{b}y\,\mathrm{e}^{\mathrm{j}(\omega t-k_z z)}$$

$$H_x=\mathrm{j}\frac{\omega\varepsilon}{k_c^2}\left(\frac{n\pi}{a}\right)E_0\sin\frac{m\pi}{a}x\cos\frac{n\pi}{b}y\,\mathrm{e}^{\mathrm{j}(\omega t-k_z z)}$$

$$H_y=\mathrm{j}\frac{\omega\varepsilon}{k_c^2}\left(\frac{m\pi}{a}\right)E_0\cos\frac{m\pi}{a}x\sin\frac{n\pi}{b}y\,\mathrm{e}^{\mathrm{j}(\omega t-k_z z)}$$

式中

$$k_c^2=k_x^2+k_y^2=\left(\frac{m\pi}{a}\right)^2+\left(\frac{n\pi}{b}\right)^2$$

在矩形波导中 TM 波的传输常数为

$$\gamma=\sqrt{k_c^2-k^2}=\sqrt{k_x^2+k_y^2-k^2}=\sqrt{\left(\frac{m\pi}{a}\right)^2+\left(\frac{n\pi}{b}\right)^2-\omega^2\mu\varepsilon}$$

当传输常数 $\gamma=0$ 所对应的频率为截止频率 $f_c$，且截止频率为

$$f_c=\frac{k_c}{2\pi\sqrt{\mu\varepsilon}}=\frac{1}{2\pi\sqrt{\mu\varepsilon}}\sqrt{\left(\frac{m\pi}{a}\right)^2+\left(\frac{n\pi}{b}\right)^2} \tag{8-23}$$

当工作频率高于截止频率时，即 $f>f_c$，$\gamma$ 为纯虚数，$\gamma=\mathrm{j}\beta=\mathrm{j}kz$，电磁波才可能在波导中沿 $+z$ 方向传输。这种 $z$ 方向传输常数为

$$k_z=\sqrt{k^2-k_c^2}=\sqrt{\omega^2\mu\varepsilon-\left(\frac{m\pi}{a}\right)^2+\left(\frac{n\pi}{b}\right)^2}$$

或写成

$$k_z=k\sqrt{1-\left(\frac{f_c}{f}\right)^2}\quad (k=\omega\sqrt{\mu\varepsilon})$$

当工作频率低于截止频率时，即 $f<f_c$，$\gamma$ 为实数，$\gamma=\alpha$。此时 $\mathrm{e}^{-\alpha z}$ 表示衰减，电磁波衰减很快，不可能在波导中传输。

$$\lambda_c=\frac{v}{f_c}=\frac{2\pi}{\sqrt{\left(\frac{m\pi}{a}\right)^2+\left(\frac{n\pi}{b}\right)^2}}=\frac{2}{\sqrt{\left(\frac{m}{a}\right)^2+\left(\frac{n}{b}\right)^2}} \tag{8-24}$$

式中 $v=1/\sqrt{\mu\varepsilon}$ 为无限介质中的电磁波的速度。电磁波在矩形波导中的速度 $v_p$ 为

$$v_p=\frac{\omega}{k_z}=\frac{v}{\sqrt{1-\left(\frac{f_c}{f}\right)^2}}=\frac{2}{\sqrt{1-\left(\frac{\lambda}{\lambda_c}\right)^2}} \tag{8-25}$$

在矩形波导中的波导波长 $\lambda_g$ 为

$$\lambda_g=\frac{v_p}{f}=\frac{\lambda}{\sqrt{1-\left(\frac{f_c}{f}\right)^2}}=\frac{\lambda}{\sqrt{1-\left(\frac{\lambda}{\lambda_c}\right)^2}} \tag{8-26}$$

矩形波导中几种常见的波形结构如图 8-3 所示。

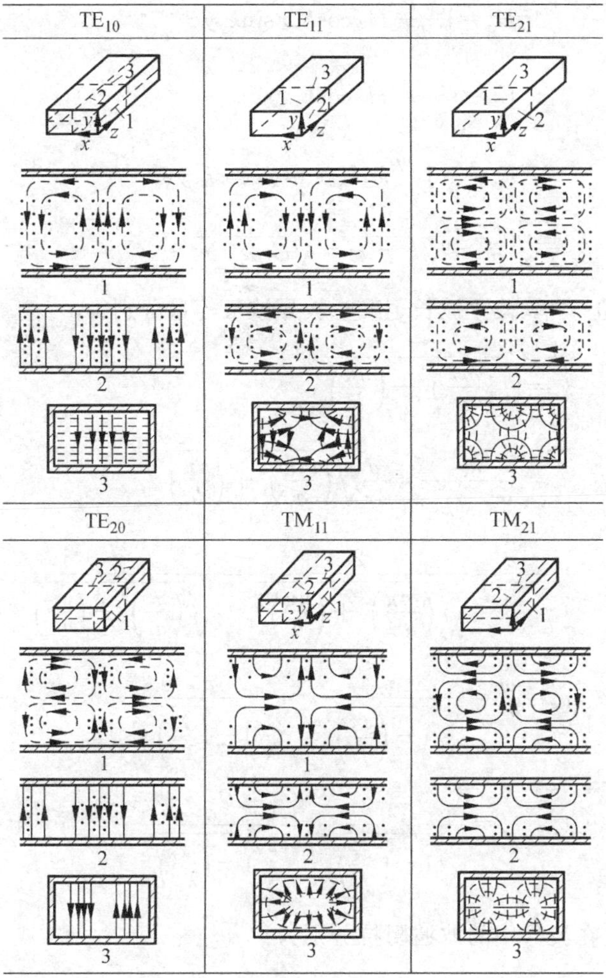


图 8-3　矩形波导中几种波型的场结构(- -磁力线;—电力线)

### 8.2.2　矩形波导中的 TE 波

TE 波为横电波,即电场沿着传播方向为零 $E_z=0$,用与 TM 波分析一样办法,可得对应场量关系为

$$H_z=H_0\cos k_x x\cos k_y y\,\mathrm{e}^{\mathrm{j}(\omega t-k_z z)}$$

$$H_x=\mathrm{j}\,\frac{k_x k_z}{k_c^2}H_0\sin k_x x\cos k_y y\,\mathrm{e}^{\mathrm{j}(\omega t-k_z z)}$$

$$H_y = \mathrm{j}\,\frac{k_y k_z}{k_c^2} H_0 \cos k_x x \sin k_y y\, \mathrm{e}^{\mathrm{j}(\omega t - k_z z)}$$

$$E_x = \mathrm{j}\,\frac{\omega\mu}{k_c^2} k_y H_0 \cos k_x x \sin k_y y\, \mathrm{e}^{\mathrm{j}(\omega t - k_z z)}$$

$$E_y = -\mathrm{j}\,\frac{\omega\mu}{k_c^2} k_x H_0 \sin k_x x \cos k_y y\, \mathrm{e}^{\mathrm{j}(\omega t - k_z z)}$$

其中，$k_z = \frac{m\pi}{a}, k_y = \frac{n\pi}{b}, k_z = \sqrt{k^2 - k_c^2} = \sqrt{\omega^2 \mu\varepsilon - k_c^2}$

截止波数、截止频率、截止波长、相速、波导波长等量分别为

$$k_c = \sqrt{\left(\frac{m\pi}{a}\right)^2 + \left(\frac{n\pi}{b}\right)^2}$$

$$f_c = \frac{k_c}{2\pi\sqrt{\mu\varepsilon}} = \frac{v}{2\pi}\sqrt{\left(\frac{m\pi}{a}\right)^2 + \left(\frac{n\pi}{b}\right)^2} \tag{8-27}$$

$$\lambda_c = \frac{v}{f_c} = \frac{2}{\sqrt{\left(\frac{m\pi}{a}\right)^2 + \left(\frac{n\pi}{b}\right)^2}} = \frac{2}{\sqrt{\left(\frac{m}{a}\right)^2 + \left(\frac{n}{b}\right)^2}} \tag{8-28}$$

$$v_p = \frac{\omega}{k_z} = \frac{v}{\sqrt{1 - \left(\frac{f_c}{f}\right)^2}} = \frac{v}{\sqrt{1 - \left(\frac{\lambda}{\lambda_c}\right)^2}} \tag{8-29}$$

$$\lambda_g = \frac{v_p}{f} = \frac{\lambda}{\sqrt{1 - \left(\frac{f_c}{f}\right)^2}} = \frac{\lambda}{\sqrt{1 - \left(\frac{\lambda}{\lambda_c}\right)^2}} \tag{8-30}$$

TE 波、TM 波在波导中的波波阻抗分别为

$$Z_{\mathrm{TE}} = \frac{E_x}{H_y} = -\frac{E_y}{H_x} = \frac{\gamma}{\mathrm{j}\omega\varepsilon} = \frac{k_z}{\omega\varepsilon} = \frac{\eta}{\sqrt{1 - \left(\frac{\lambda}{\lambda_c}\right)^2}}$$

$$Z_{\mathrm{TM}} = \frac{E_x}{H_y} = -\frac{E_y}{H_x} = \frac{\mathrm{j}\omega\mu}{\gamma} = \frac{\omega\mu}{k_z} = \eta\sqrt{1 - \left(\frac{\lambda}{\lambda_c}\right)^2}$$

### 8.2.3 矩形波导中的 $\mathrm{TE}_{10}$ 波

由图 8-4 可知，$\mathrm{TE}_{10}$ 波为截止区域前的第一个波，称为**最低传输模式**。下面我们对此波的一些参数进行分析。此波 $m=1, n=0, kx=kc=\pi/a$，场分量瞬时值为

$$E_y = \frac{\omega\mu a}{\pi} H_0 \sin\frac{\pi}{a}x \sin(\omega t - k_z z)$$

$$E_x = -\frac{k_z a}{\pi} H_0 \sin\frac{\pi}{a}x \sin(\omega t - k_z z)$$

$$H_z = H_0 \cos\frac{\pi}{a}x \cos(\omega t - k_z z)$$

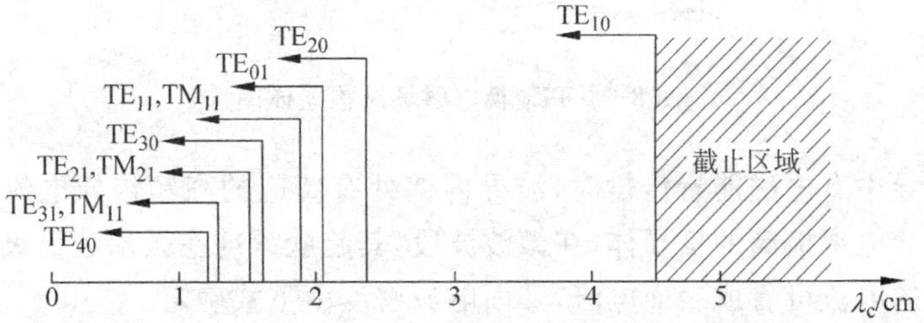


图 8-4　矩形波导中截止波长分布图

$TE_{10}$波在波导中的结构图和立体结构图分别如图 8-5 和图 8-6 所示。

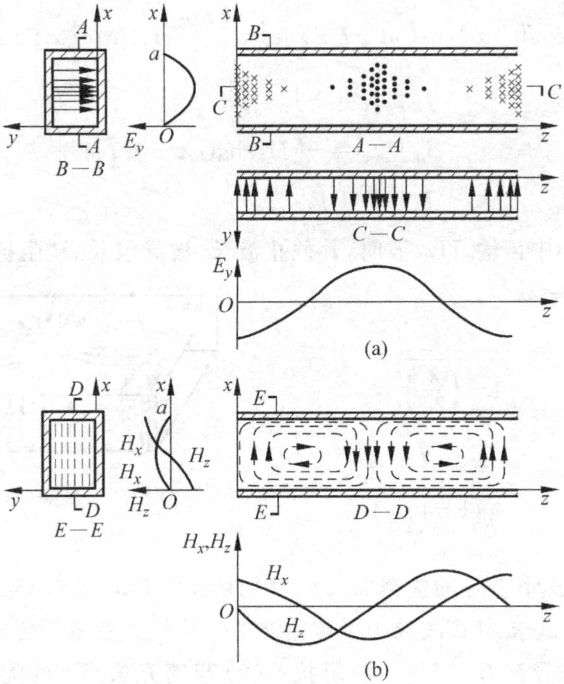


图 8-5　$TE_{10}$模的电场、磁场结构

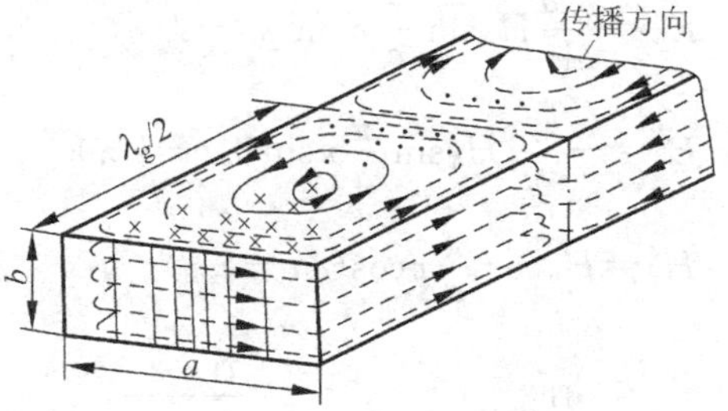


图 8-6　TE$_{10}$模电磁场结构立体图

当波导中有电磁能量传输时，波导内壁处有感应的高频传导电流。由于波导内壁是导电率极高的良导体，在微波波段，其趋肤深度在微米数量级。因此波导内壁上的电流可看成表面电流，其面电流密度由下式确定

$$\boldsymbol{J}_S=\boldsymbol{n}\times\boldsymbol{H}_t$$

TE$_{10}$波在波导管内壁上的感应电流面密度各方向分量如图 8-7 所示，分量表达式分别为

$$J_S\big|_{y=0}=\left[H_0\cos\left(\frac{\pi}{a}x\right)\cos(\omega t-k_z z)\right]e_x+\left[\frac{k_z a}{\pi}H_0\sin\left(\frac{\pi}{a}x\right)\sin(\omega t-k_z z)\right]e_y$$

$$J_S\big|_{y=b}=-J_S\big|_{y=0}$$

$$J_S\big|_{x=0}=-[H_0\cos(\omega t-\beta z)]e_x$$

$$J_S\big|_{y=a}=J_S\big|_{x=0}$$

在矩形波导中传输 TE$_{10}$波时，其截止波长、波导波长、波阻抗分别为

$$\lambda_c=2a$$

$$\lambda_g=\frac{\lambda}{\sqrt{1-\left(\frac{\lambda}{2a}\right)^2}}$$

$$Z_{\mathrm{TE}_{10}}=\frac{\eta}{\sqrt{1-\left(\frac{\lambda}{2a}\right)^2}}$$

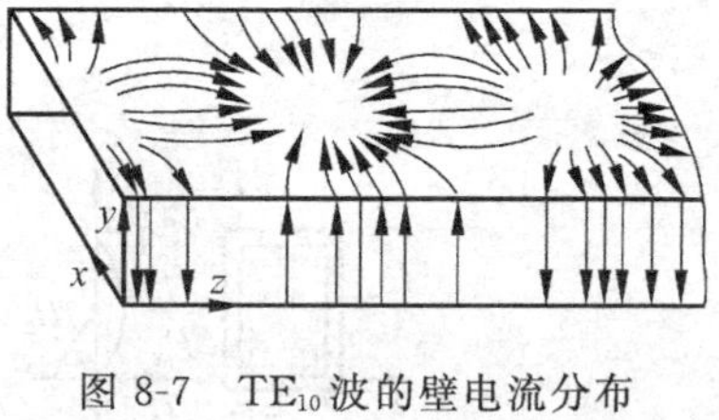


图 8-7　TE$_{10}$波的壁电流分布

**例题 8-1**　矩形波导的横截面尺寸为 23mm×10mm，内填充空气，设信号频率 $f$=10GHz。试求：(1)波导中可传输波的传输模式及最低传输模式的截止频率、相位常数、波导波长、相速 、波阻抗；(2)若填充 $\varepsilon_r=4$ 的无耗电介质，$f$=10GHz，波导中可能存在哪些传输模式；(3)对于 $\varepsilon_r=4$ 的波导，若要求只传输 TE$_{10}$波，波导尺寸及单模工作的频率如何选择。

**解** (1) 工作波长

$$\lambda_0=\frac{c}{f}=0.03\text{m}$$

截止波长

$$\lambda_c(\text{TE}_{10})=2a=0.046\text{m}$$

$$\lambda_c(\text{TE}_{20})=a=0.023\text{m}$$

根据传输条件，只有 $\lambda<\lambda_c$ 的波型才能在波导中传输，故该波导只能传输 $\text{TE}_{10}$ 波，其传输参数为

$$f_c=\frac{c}{\lambda_c}=\frac{3\times10^8}{2a}=6.52\text{GHz}$$

$$\lambda_g=\frac{v_p}{f}=\frac{\lambda_0}{\sqrt{1-\left(\frac{f_c}{f}\right)^2}}=\frac{\lambda_0}{\sqrt{1-\left(\frac{\lambda}{\lambda_c}\right)^2}}=0.0395\text{m}$$

$$\beta=\frac{2\pi}{\lambda_g}=195\text{rad/s}$$

$$v_p=\frac{\omega}{\beta}=f\lambda_g=3.95\times10^8\text{m/s}$$

$$Z_{\text{TE}_{10}}=\frac{\eta}{\sqrt{1-\left(\frac{\lambda}{2a}\right)^2}}=1.32\eta_0=496\Omega$$

(2) 若 $\varepsilon_r=4$，则 $\lambda=\frac{\lambda_0}{\sqrt{\varepsilon_r}}=0.015\text{m}$，由于 $\lambda_c>\lambda$，即

$$\frac{2}{\sqrt{\left(\frac{m}{a}\right)^2+\left(\frac{n}{b}\right)^2}}>0.015$$

可以得到

$$m^2+(2.3n)^2<9.4$$

解该不等式，注意 $m$、$n$ 均为正整数，得 $m\leqslant3$，$n\leqslant1$。

无论 $\text{TE}_{21}$ 还是 $\text{TM}_{21}$ 波，对于 $m=3$，$n=1$ 都有

$$\lambda_c=\frac{2ab}{\sqrt{a^2+9b^2}}=0.0122\text{m}$$

对于 $m=2$，$n=1$，都有

$$\lambda_c=\frac{2ab}{\sqrt{a^2+4b^2}}=0.01509\text{m}$$

所以，可传输的模式为 $\text{TE}_{10}$、$\text{TE}_{20}$、$\text{TE}_{01}$、$\text{TE}_{11}$、$\text{TE}_{30}$、$\text{TE}_{21}$、$\text{TM}_{21}$。

(3) 对于填充 $\varepsilon_r=4$ 介质的波导，若 $f=10\text{GHz}$，当只传输 $\text{TE}_{10}$ 波时，其单模

工作的条件为

$$\lambda_c(\mathrm{TE}_{20})<\lambda<\lambda_c(\mathrm{TE}_{10}) \quad 及 \quad \lambda>\lambda_c(\mathrm{TE}_{01})$$

即

$$a<\lambda<2a, \quad \lambda>2b$$

解得

$$\frac{\lambda}{2}<a<\lambda, \quad b<\frac{\lambda}{2}$$

当 $\lambda=1.5\text{cm}$ 时，有

$$0.75\text{cm}<a<1.5\text{cm}, \quad b<0.75\text{cm}$$

故可以取 $a=1.2\text{cm}, b=0.5\text{cm}$。

若 $a\times b=23\text{mm}\times 10\text{mm}$ 一定，则其单模工作的条件为

$$f_c(\mathrm{TE}_{10})<f<f_c(\mathrm{TE}_{20})$$

$$f_c(\mathrm{TE}_{10})=\frac{\frac{c}{\sqrt{\varepsilon_r}}}{\lambda_c(\mathrm{TE}_{10})}=\frac{c}{2a\sqrt{\varepsilon_r}}=\frac{3\times10^8}{4\times2.3\times10^{-2}}=3.26\text{GHz}$$

$$f_c(\mathrm{TE}_{10})=\frac{c}{a\sqrt{\varepsilon_r}}=\frac{3\times10^8}{2\times2.3\times10^{-2}}=6.52\text{GHz}$$

所以，其单模工作的频段为

$$3.26\text{GHz}<f<6.52\text{GHz}$$

从这个例题可以看出，填充 $\varepsilon_r>1$ 的介质的波导与空气波导相比，若尺寸相同，电磁波的频率一定，则填充 $\varepsilon_r>1$ 介质的波导中可能存在的传输模较多。若要求单模工作，$f$ 一定时，则相应的波导尺寸较小；波导尺寸一定时，则相应的工作频率较低。

**例题 8-2** 已知矩形波导中 TM 模的纵向电场瞬时值表达式为

$$E_z=E_0\sin\frac{\pi}{3}x\sin\frac{\pi}{3}y\cos\left(\omega t-\frac{\sqrt{2}}{3}\pi z\right)$$

式中，$x$、$y$、$z$ 以 cm 为单位。试求：(1)截止波长与波导波长；(2)如果此模式为 $\mathrm{TM}_{21}$ 波，波导尺寸如何选择。

**解** (1) 从已知条件可知

$$k_x=k_y=\frac{\pi}{3}, \quad \beta=\frac{2}{3}\pi$$

则有

$$k_c=\sqrt{k_x^2+k_y^2}=\frac{\sqrt{2}}{3}\pi$$

可得截止波长和波导波长分别为

$$\lambda_c=\frac{2\pi}{k_c}=3\sqrt{2}\text{cm}$$

$$\lambda_g=\frac{2\pi}{\beta}=3\sqrt{2}\text{cm}$$

(2) 对于 $TM_{21}$ 波，应有

$$\frac{m\pi}{a}=\frac{2\pi}{a}=\frac{\pi}{3},\quad \frac{n\pi}{b}=\frac{\pi}{b}=\frac{\pi}{3}$$

可得波导尺寸为

$$a=6\text{cm},\quad b=3\text{cm}$$

## 8.3　波导中的能量传输与损耗

电磁波在波导中传输时，电磁场的能量也随之一起传输。在实际应用中，由于介质的吸收等因素存在使得电磁场能量在传输过程中存在损耗，本节以矩形波导为例，分析波导中能量传输与损耗的相关问题。

### 8.3.1　波导的击穿功率与功率容量

根据电磁场的功率计算公式，可知在矩形波导中传输的功率为

$$P=\frac{1}{2z}\int_0^a\int_0^b(|E_x|^2+|E_y|^2)\mathrm{d}x\mathrm{d}y \tag{8-31}$$

对于矩形波段中的 $TE_{10}$ 模，其横向电场只有 $E_y$ 分量，其表示式为

$$E_y=\frac{\omega\mu}{\kappa_c^2}\left(\frac{\pi}{a}\right)H_0\sin\left(\frac{\pi x}{a}\right)\mathrm{e}^{\mathrm{j}(\omega t-\beta z)}=E_0\sin\frac{\pi x}{a}\mathrm{e}^{\mathrm{j}(\omega t-\beta z)} \tag{8-32}$$

将式(8-32)代入式(8-31)，可得行波状态下 $TE_{10}$ 模式的传输功率为

$$P=\frac{ab}{4\eta}E_0^2\sqrt{1-\left(\frac{\lambda}{2a}\right)^2} \tag{8-33}$$

设 $E_{br}$ 为波导中填充介质的击穿电场强度，即介质所能承受的最大电场强度，将式(8-33)中的 $E_0$ 用 $E_{br}$ 代替，可得行波状态下 $TE_{10}$ 模传输的极限功率 $P_{br}$ 为

$$P_{br}=\frac{ab}{4\eta}E_{br}^2\sqrt{1-\left(\frac{\lambda}{2a}\right)^2} \tag{8-34}$$

在实际应用中，由于传输线终端难以完全匹配，传输线处于行驻波工作状态(有部分反射波存在)，此时驻波系数 $\rho>1$，这时击穿功率可减小到

$$P'_{br}=\frac{P_{br}}{\rho}$$

而且波导的击穿功率还与其他因素有关，如波导内表面不干净，有毛刺或出现不均匀性等，都会使波导的击穿功率进一步降低。为使波导能安全地工作，实际工作中，通常把传输线允许通过的功率 $P_t$ 规定为

$$P_t=\left(\frac{1}{3}\sim\frac{1}{5}\right)P_{br} \tag{8-35}$$

### 8.3.2 波导的损耗和衰减

在考虑损耗的波导中，电磁波的传输常数是复数，即 $\gamma=\alpha+j\beta=\alpha+jkz$，此时电磁波的场矢量

$$E(x,y,z)=[E'(x,y)e^{-\alpha z}]e^{j(\omega t-k_z z)}$$
$$E(x,y,z)=[H'(x,y)e^{-\alpha z}]e^{j(\omega t-k_z z)}$$

式中 $E'(x,y)e^{-\alpha z}$ 和 $H'(x,y)e^{-\alpha z}$ 是场矢量的振幅。显然电磁波每传输一个单位距离，场矢量的振幅是原来值的 $e^{-\alpha z}$ 倍，而电磁波所携带的功率则是原来值的 $e^{-\alpha z}$ 倍。设在 $z$ 处通过波导横截面的功率为 $P$，则传输一个单位距离所损耗的功率 $P_L$ 为

$$P_L=P(1-e^{-2\alpha})$$

在一般情况下，波导中任意横截面处的传输功率 $P$ 总是远大于该处单位长度波导中损耗的功率 $P_L$，即 $P\gg P_L$，这说明衰减常数 $\alpha\ll 1$。在此种情况下，将 $e^{-2\alpha}$ 展成幂级数，并取前两项作近似，上式可简化为

$$P_L\approx 2\alpha P \tag{8-36}$$

由此可得衰减常数的近似表示式为

$$\alpha=\frac{P_L}{2P} \tag{8-37}$$

实际应用中，衰减常数通常由两部分构成，一是波导内壁导体损耗引起 $\alpha_c$，二是波导中填充介质的损耗引起 $\alpha_d$。$\alpha_c$ 表达式分别为

$$\alpha_c=\frac{R_S\oint_l |H_t|^2 dl}{2z\int_S |H_t|^2 ds}\quad (\text{Np/m}) \tag{8-38}$$

式(8-38)中，$z$ 为传输模的波阻抗，$R_S$ 为金属材料的表面电阻。

对应 $TE_{10}$ 波，$\alpha_c$ 值为

$$\alpha_{c_{TE_{10}}}=\frac{R_S}{b\sqrt{\frac{\mu}{\varepsilon}}\sqrt{1-\left(\frac{\lambda}{2a}\right)^2}}\cdot\left[1-\frac{2b}{a}\left(\frac{\lambda}{2a}\right)^2\right] \tag{8-39}$$

在矩形波导中 $TE_{10}$ 模的 $\alpha_c$ 的特性曲线如图 8-8 所示。

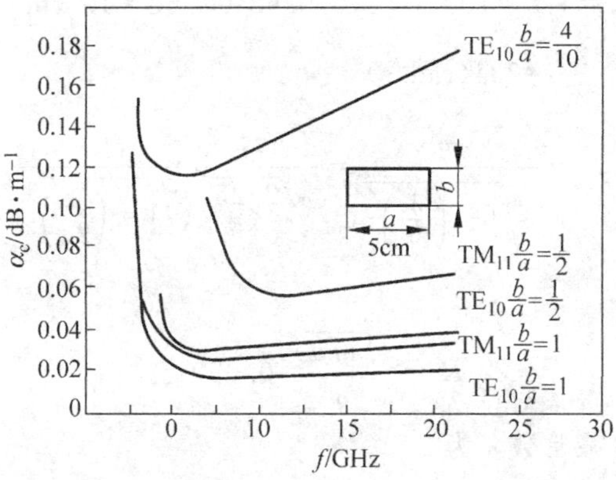


图 8-8　矩形波导中 $TE_{10}$ 模的 $\alpha_c$ 的特性曲线

$\alpha_d$ 又由两部分构成，分别是 $\alpha_{dc}$（由介质电导率不等于零，即 $\sigma\neq 0$ 而引起的）和 $\alpha_{de}$（是由介质极化阻尼而引起的）。二者的表达式分别为

$$\alpha_{dc}=\frac{\sqrt{\mu_r\varepsilon_r}\,\pi\tan\delta_c}{\lambda\sqrt{1-\left(\dfrac{\lambda}{\lambda_c}\right)^2}} \tag{8-40}$$

$$\alpha_{de}=\frac{\sqrt{\mu_r\varepsilon_r}\,\pi\tan\delta_e}{\lambda\sqrt{1-\left(\dfrac{\lambda}{\lambda_e}\right)^2}} \tag{8-41}$$

式中，$\tan\delta_e=\varepsilon''/\varepsilon'$ 称为介质损耗角正切。

以上的分析表明，对于空气填充的波导，其损耗是由波导壁有限电导率引起的，衰减系数 $\alpha=\alpha_c$；对于非理想介质填充的波导，不仅有波导壁引起的损耗，而且还有介质引起的损耗，其衰减常数 $\alpha=\alpha_c+\alpha_{dc}+\alpha_{de}$。

**例题 8-3**　频率为 10GHz 的 $TE_{10}$ 模在矩形波导中传播，波导尺寸 $a=1.5\text{cm}$，$b=0.6\text{cm}$，若波导由黄铜制成，其电导率 $\sigma=1.57\times10^7\text{S/m}$，波导中填充聚乙烯介质（$\varepsilon_r=2.25$，$\mu_r=1$）。试求：(1)波导波长 $\lambda_g$，相速度 $v_p$，相移常数 $\beta$，波阻抗 $z_{TE_{10}}$；(2)波导壁的衰减常数 $\alpha$。

**解**　(1) 在聚乙烯中 TEM 波的波长 $\lambda$ 为

$$\lambda=\frac{c}{\sqrt{\varepsilon_r}f}=\frac{3\times10^8}{\sqrt{2.25}\times10\times10^9}=0.02\text{m}$$

可得各参数分别为

$$\lambda_g=\frac{\lambda}{\sqrt{1-\left(\dfrac{\lambda}{2a}\right)^2}}=\frac{0.02}{\sqrt{1-\left(\dfrac{0.02}{0.03}\right)^2}}=0.0268\text{m}$$

$$v_p=\lambda_g f=10\times10^9\times0.0268=2.68\times10^8(\text{m/s})$$

$$\beta=\frac{2\pi}{\lambda_g}=234(\text{rad/s})$$

$$z_{\text{TE}_{10}}=\frac{\eta}{\sqrt{1-\left(\frac{\lambda}{2a}\right)^2}}=\frac{377}{\sqrt{2.25}}\frac{1}{\sqrt{1-\left(\frac{\lambda}{2a}\right)^2}}=337.36\Omega$$

(2) 表面电阻

$$R_s=\sqrt{\frac{\pi f\mu}{\sigma}}=0.0501\Omega$$

则波导壁的衰减常数 $\alpha$ 为

$$\alpha_{c_{\text{TE}_{10}}}=\frac{R_S}{b\sqrt{\frac{\mu}{\varepsilon}}\sqrt{1-\left(\frac{\lambda}{2a}\right)^2}}\cdot\left[1-\frac{2b}{a}\left(\frac{\lambda}{2a}\right)^2\right]$$

$$=0.0526\text{Np/m}(=0.4569\text{dB/m})$$

## 8.4 谐振腔

在低频电路中谐振回路可以由电容和电感等电路元件搭建而成，但在高频以及超高频以上谐振回路应采用谐振腔来完成，**谐振腔**即是工作在高频段的谐振器件。

谐振腔是一个金属空腔，常见的谐振腔有矩形腔、圆柱形腔、同轴腔等，本节以矩形腔为例分析谐振腔的工作原理及其基本参数。

### 8.4.1 谐振腔的基本参数

(1) 谐振波长 $\lambda_0$

**谐振波长** $\lambda_0$ 是指在谐振腔中工作模式的电磁场发生谐振时的波长（对应的频率 $f_0=\frac{c}{\lambda_0}$ 称为**谐振频率**），这时谐振器内的电场能量的时间平均值与磁场能量的时间平均值相等。谐振波长 $\lambda_0$ 取决于谐振器的结构形式、尺寸大小和工作模式。

(2) 固有品质因数 $Q_0$

**品质因数** $Q$ 是谐振腔的另一个重要参数，它表征了谐振腔的频率选择性和能量损耗情况，其定义为

$$Q=\omega_0\frac{\text{系统中的平均储能}}{\text{系统中每秒的能损耗}}=\frac{\omega_0\overline{W}}{P_L}$$

一个与外界没有耦合的孤立谐振腔的品质因数称为**固有品质因数**，以 $Q_0$ 表示。对孤立的谐振腔，系统中每秒的能量损耗仅包括自身的损耗，如导体损耗和介质损耗等。

当场量用瞬时值定义时，总储能的时间平均值为

$$\overline{W}=\frac{1}{2}\varepsilon_1\int|E|^2\mathrm{d}v=\frac{1}{2}\mu_1\int|H|^2\mathrm{d}v \tag{8-42}$$

式中，$\varepsilon_1$ 为谐振腔内部介质的介电常数，$\mu_1$ 为介质的磁导率，$V$ 为谐振腔的体积。对于孤立的金属空腔谐振器，其损耗主要来自导体壁的损耗，所以 $P_L$ 为

$$P_L=\frac{1}{2}\oint\!\!\!\oint_S|J_S|^2R_S\mathrm{d}s=\frac{1}{2}R_S\oint\!\!\!\oint_S|H_t|^2\mathrm{d}s \tag{8-43}$$

固有品质因数为

$$Q_0=\frac{\omega_0\mu_1\iiint_V|H|^2\mathrm{d}v}{R_S\oint\!\!\!\oint_S|H_t|^2\mathrm{d}s} \tag{8-44}$$

由于

$$R_S=\frac{1}{\sigma_2\delta}$$

所以式(8-45)也可以写成

$$Q_0=\frac{2\iiint_V|H|^2\mathrm{d}v}{\delta\oint\!\!\!\oint_S|H_t|^2\mathrm{d}s} \tag{8-45}$$

### 8.4.2　矩形谐振腔

设矩形谐振器是由一段横截面长边宽为 $a$，窄边宽为 $b$，高度为 $l$ 的矩形波导构成，建立坐标系，如图 8-9 所示。

(1) 谐振频率

矩形波导谐振腔内的场分量可由入射波和反射波叠加来求得。

$$E(x,y,z)=E_0(x,y)[A^+\mathrm{e}^{-\mathrm{j}k_zz}+A^-\mathrm{e}^{\mathrm{j}k_zz}]$$

式中，$E_0(x,y)$ 为该模式横向电场的横向坐标函数，$A^+$、$A^-$ 分别为正向和反向行波的任意振幅系数。$TE_{mn}$ 和 $TM_{mn}$ 的传输常数为

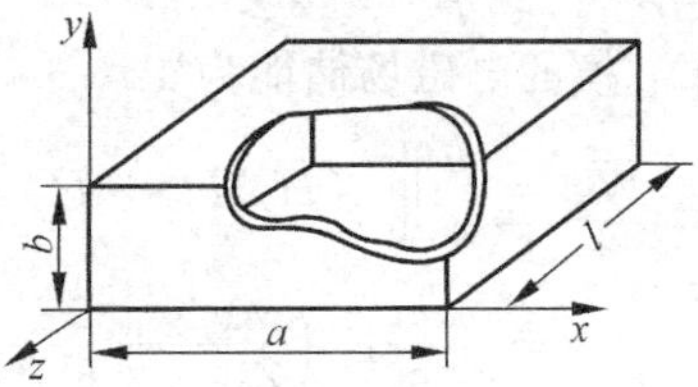

图 8-9　矩形波导谐振腔

$$k_z=\sqrt{k_0^2-\left(\frac{m\pi}{a}\right)^2-\left(\frac{n\pi}{b}\right)^2} \tag{8-46}$$

将 $z=0$ 处的边界条件 $E_t=0$，$z=l$ 处的边界条件 $E_t=0$ 代入上式，可得 $E(x,y,l)=-E_0(x,y)2\mathrm{j}A+\sin k_z l=0$，由此可得

$$k_z=\frac{p\pi}{l}\quad(p=1,2,3,\cdots)$$

这表明，谐振腔的长度必须为半波导波长的整数倍。由此得矩形波导谐振腔的谐振波数为

$$k_{mnp}=\sqrt{\left(\frac{m\pi}{a}\right)^2+\left(\frac{n\pi}{b}\right)^2+\left(\frac{p\pi}{l}\right)^2}\tag{8-47}$$

这样与矩形波导的模式相对应，矩形谐振腔可以存在无限多个 $\mathrm{TE}_{mnp}$ 模和 $\mathrm{TM}_{mnp}$ 模，下标 $m$、$n$、$p$ 分别表示沿 $a$、$b$、$l$ 分布的半驻波数。$\mathrm{TE}_{mnp}$ 模和 $\mathrm{TM}_{mnp}$ 模的谐振频率为

$$f_{omnp}=\frac{vk_{0mnp}}{2\pi}=\frac{c}{2\pi\sqrt{\mu_r\varepsilon_r}}\sqrt{\left(\frac{m\pi}{a}\right)^2+\left(\frac{n\pi}{b}\right)^2+\left(\frac{p\pi}{l}\right)^2}\tag{8-48}$$

式中，$c$ 为真空中的光速。最低的谐振频率或最长的谐振波长为谐振腔的主模。矩形波导谐振腔的主模是 $\mathrm{TE}_{10p}$ 模，其谐振频率为

$$f_{10p}=\frac{c}{2\pi\sqrt{\mu_r\varepsilon_r}}\sqrt{\left(\frac{\pi}{a}\right)^2+\left(\frac{p\pi}{l}\right)^2}\tag{8-49}$$

(2) $\mathrm{TE}_{10p}$ 模的固有品质因数 $Q_0$

矩形波导腔内 $\mathrm{TE}_{10p}$ 模的电磁场分量为

$$E_y=E_0\sin\frac{\pi x}{a}\sin\frac{p\pi}{l}z$$

$$H_x=-\frac{\mathrm{j}E_0}{Z_{\mathrm{TE}_{10}}}\sin\frac{\pi x}{a}\cos\frac{p\pi}{l}z$$

$$H_z=\frac{\mathrm{j}\pi E_0}{k\eta a}\cos\frac{\pi x}{a}\sin\frac{p\pi}{l}z$$

$\mathrm{TE}_{10p}$ 模的电磁场储能为

$$\begin{aligned}\overline{W}_{\mathrm{m}}&=\frac{\mu}{4}\iiint_V(H_xH_z^*+H_z^*H_x)\mathrm{d}v\\&=\frac{\mu abl}{16}E_0^2\left(\frac{1}{Z_{\mathrm{TE}_{10}}^2}+\frac{\pi^2}{k^2\eta^2a^2}\right)=\frac{\varepsilon abl}{16}E_0^2\end{aligned}$$

$$\begin{aligned}P_L&=\frac{1}{2}R_S\oint\!\!\oint_S|H_t|^2\mathrm{d}x\\&=\frac{R_S}{2}\left\{2\int_0^a\int_0^b|H_x(z=0)|^2\mathrm{d}x\mathrm{d}y+2\int_0^l\int_0^b|H_z(x=0)|^2\mathrm{d}x\mathrm{d}y\right.\\&\quad\left.+2\int_0^l\int_0^a[|H_x(y=0)|^2+|H_z(y=0)|^2]\mathrm{d}x\mathrm{d}z\right\}\end{aligned}$$

$$= \frac{R_S \lambda_0^2 E_0^2}{8\eta}\left(\frac{p^2 ab}{l^2} + \frac{bl}{a^2} + \frac{p^2 a}{2l} + \frac{l}{2a}\right)$$

品质因数为

$$Q_0 = \frac{\omega_0 \overline{W}_{\mathrm{m}}}{P_L} = \frac{(kal)^2 b\eta}{2\pi^2 R_S} \frac{1}{(2p^2 a^3 l + 2bl^3 + p^2 a^3 l + al^3)} \tag{8-50}$$

一般情况下，矩形波导谐振腔的填充介质为干噪的空气，介质损耗不计。若填充的介质为有耗介质，其有耗介质引起的 $Q$ 值为 $Q_d$，其值为

$$Q_d = \frac{1}{\tan\delta}$$

式中，$\tan\delta$ 为介质损耗角正切。由腔体导体壁引起的 $Q$ 值为 $Q_c$，则总的固有品质因数 $Q_0$ 为

$$Q_0 = \left(\frac{1}{Q_c} + \frac{1}{Q_d}\right)^{-1} \tag{8-51}$$

**例题 8-4**　铜波导做成矩形波导谐振腔，$a=4.775\text{cm}$，$b=2.215\text{cm}$，腔内填充聚乙烯介质（$\varepsilon_r=2.25$，$\tan\delta=4\times10^{-4}$），其谐振频率 $f_0=5\text{GHz}$。试求：(1)若谐振模式分别为 $\text{TE}_{101}$ 或 $\text{TE}_{102}$，谐振腔的腔长值；(2)无载 $Q$ 值。

**解**　波数 $k$ 应为

$$k = \omega^2\sqrt{\mu_0\varepsilon_0\varepsilon_r} = \frac{2\pi f_0\sqrt{\varepsilon_r}}{c} = 157.08\text{m}^{-1}$$

得到谐振时的腔长 $l(m=1,n=0)$ 为

$$l = \frac{p\pi}{\sqrt{k^2 - \left(\frac{\pi}{a}\right)^2}}$$

当工作在 $\text{TE}_{101}$ 模式时，其腔长应取为

$$l = \frac{\pi}{\sqrt{(157.08)^2 - \left(\frac{\pi}{0.04775}\right)^2}} = 2.204\text{cm}$$

当工作在 $\text{TE}_{102}$ 模式时，其腔长应取为

$$l = \frac{2\pi}{\sqrt{(157.08)^2 - \left(\frac{\pi}{0.4775}\right)^2}} = 4.409\text{cm}$$

铜的导电率 $\sigma=5.813\times10^7\text{S/m}$，则表面电阻为

$$R_S = \sqrt{\frac{\omega\mu_0}{2\sigma}} = 1.84\times10^{-2}\Omega$$

而

$$\eta = \frac{377}{\sqrt{\varepsilon_r}} = 251.3\Omega$$

对于 $TE_{101}$ 模式：

$$Q_c = 3380$$

对于 $TE_{102}$ 模式：

$$Q_c = 3864$$

对于 $TE_{101}$ 和 $TE_{102}$ 模式其介质损耗的 $Q$ 值为

$$Q_d = \frac{1}{\tan\delta} = 2500$$

对于 $TE_{101}$ 模式：

$$Q_0 = \left(\frac{1}{Q_c} + \frac{1}{Q_d}\right)^{-1} = 1437$$

对于 $TE_{102}$ 模式：

$$Q_0 = \left(\frac{1}{Q_c} + \frac{1}{Q_d}\right)^{-1} = 1518$$

## 小结

本章主要分析长直金属波导内 TE 波、TM 波的传输特性。

**1. 沿均匀导波装置传输电磁波的一般分析**

1) 纵向场分量与横向场分量之间的关系

2) 导行波波型的分类

3) 导行波的传输特性

(1) 截止波长与传输条件

$$f_c = \frac{k_c}{2\pi\sqrt{\mu\varepsilon}} \quad \lambda_c = \frac{v}{f_c} = \frac{2\pi}{k_c}$$

(2) 波导波长

$$\lambda_g = \frac{\lambda}{\sqrt{1-\left(\frac{\lambda}{\lambda_c}\right)^2}} = \frac{\lambda_0/\sqrt{\mu_r\varepsilon_r}}{\sqrt{1-\left(\frac{\lambda_0}{\lambda_c}\right)^2\left(\frac{1}{\mu_r\varepsilon_r}\right)}}$$

(3) 相速、群速和色散

$$v_p = \frac{v}{\sqrt{1-\left(\frac{\lambda}{\lambda_c}\right)^2}} \quad v_g = v\sqrt{1-\left(\frac{\lambda}{\lambda_c}\right)^2}$$

(4) 波阻抗

(5) 传输功率

4) 模式电压与模式电流

**2. 矩形波导**

1) 矩形波导中的 TM 波

2) 矩形波导中的 TE 波

3) 矩形波导中的 $TE_{10}$ 波的主要参数

$$\lambda_c = 2a$$

$$\lambda_g = \frac{\lambda}{\sqrt{1-\left(\frac{\lambda}{2a}\right)^2}}$$

$$Z_{TE_{10}} = \frac{\eta}{\sqrt{1-\left(\frac{\lambda}{2a}\right)^2}}$$

**3. 波导中的能量传输与损耗**

1) 波导的击穿功率与功率容量分别为

$$P_{br} = \frac{ab}{4\eta}E_{br}^2\sqrt{1-\left(\frac{\lambda}{2a}\right)^2} \quad P_t = \left(\frac{1}{3}\sim\frac{1}{5}\right)P'_{br}$$

2) 波导的损耗和衰减

空气填充的波导衰减系数　$\alpha = \alpha_c$

非理想介质填充的波导衰减常数　$\alpha = \alpha_c + \alpha_{dc} + \alpha_{de}$

**4. 谐振腔**

矩形谐振腔的主模式 $TE_{10p}$ 模，其谐振频率和固有品质因数为

$$f_{10p} = \frac{c}{2\pi\sqrt{\mu_r\varepsilon_r}}\sqrt{\left(\frac{\pi}{a}\right)^2+\left(\frac{p\pi}{l}\right)^2}$$

$$Q_0 = \left(\frac{1}{Q_c}+\frac{1}{Q_d}\right)^{-1}$$

# 习题 8

8-1　矩形波导做馈线，尺寸为 22.86mm × 10.16mm，其工作频率为 10GHz。试求：$\lambda_c$、$\lambda_g$、$\beta$、$Z$。

8-2　用紫铜($\sigma = 5.8\times10^7$ S/m)制成的立方体谐振腔，其尺寸为 $a=b=d=$ 3cm。试求：谐振频率和 $Q$ 值(设工作模式为 $TE_{101}$ 模)。

8-3　三种型号的矩形波导尺寸为

(1) BJ-40　　58.20mm×29.10mm

(2) BJ-100　　22.86mm×10.16mm

(3) BJ-120　　19.05mm×9.52mm

试求：各波导单模工作的频率范围。

8-4　空气填充的矩形波导尺寸为 $a=22.86\text{mm}$，$b=10.16\text{mm}$，电磁波的频率为 $f=14\text{GHz}$。试求：(1)此电磁波在波导中有哪种传播模式；(2)若波导中填充参数为 $\varepsilon_r=2$，$\mu_r=1$ 的理想介质，此电磁波有哪种传播模式。

8-5　空气填充的矩形谐振腔尺寸为 $a=b=d=3\text{cm}$。试求：谐振模式分别为 $TE_{101}$，$TE_{014}$ 和 $TM_{111}$ 的谐振频率。

# 课后习题参考答案

1-1　(1) 5；(2) $2\boldsymbol{i}+4\boldsymbol{j}+5\boldsymbol{k}$

1-2　(1) $-5$；(2) $-5$

1-3　(1) $-50\pi E_{\mathrm{m}}\sin\left(50\pi t+\dfrac{\pi}{2}\right)\boldsymbol{i}$；(2) $\dfrac{E_{\mathrm{m}}}{50\pi}\sin\left(50\pi t+\dfrac{\pi}{2}\right)\boldsymbol{i}$

1-4　(1) $3\boldsymbol{i}-13\boldsymbol{j}+2\boldsymbol{k}$；(2) $-\boldsymbol{i}-5\boldsymbol{j}-4\boldsymbol{k}$；(3) 35；(4) $-31\boldsymbol{i}-5\boldsymbol{j}+14\boldsymbol{k}$；
(5) $31\boldsymbol{i}+5\boldsymbol{j}-14\boldsymbol{k}$

1-5　(1) $6xyz$；(2) 0

1-6　略

1-7　$a=2,b=-1,c=-2$

1-8　(1) 0；(2) 0；(3) $2(y-z)\boldsymbol{i}+2(z-x)\boldsymbol{j}+2(x-y)\boldsymbol{k}$

1-9　(1) 12；(2) $8\sqrt{2}$

1-10　(1) $(2x+3)\boldsymbol{i}+(4y-2)\boldsymbol{j}+(6z-6)\boldsymbol{k}$；(2) $(-1.5,0.5,1)$

1-11　$a/\rho;\dfrac{b}{\rho}\boldsymbol{e}_z$

1-12　$\dfrac{2a}{r}+\dfrac{b}{r}\cot\theta;\dfrac{c}{r}\cot\theta\boldsymbol{e}_r-\dfrac{c}{r}\boldsymbol{e}_\theta+\dfrac{b}{r}\boldsymbol{e}_\varphi$

1-13　(1) $\dfrac{1}{\sqrt{14}}(\boldsymbol{i}+2\boldsymbol{j}-3\boldsymbol{k})$；(2) $\arccos\left(-\dfrac{11}{\sqrt{238}}\right)$；(3) $-\dfrac{11}{\sqrt{17}}$；
(4) $-42;-42$；(5) $2\boldsymbol{i}-40\boldsymbol{j}+5\boldsymbol{k};55\boldsymbol{i}-44\boldsymbol{j}-11\boldsymbol{k}$

1-14　$-24\boldsymbol{i}+72\boldsymbol{j}+\boldsymbol{k}$

1-15　(1) $(yz+zx)\boldsymbol{i}+xz\boldsymbol{j}+xy\boldsymbol{k}$
(2) $(8xy-4z)\boldsymbol{i}+(4x^2+2yz)\boldsymbol{j}+(y^2-4x)\boldsymbol{k}$

1-16　$-11$

1-17　(1) $(-2,2\sqrt{3},3)$；(2) $(5,53.1°,120°)$

1-18　略

2-1　$0;\dfrac{a}{2\rho}(\rho^2-4)\boldsymbol{e}_\rho;\dfrac{6a}{\rho}\boldsymbol{e}_\rho$

2-2　$\dfrac{\rho r}{3}\boldsymbol{e}_r;\dfrac{\rho a^3}{3r^2}\boldsymbol{e}_r$

2-3　$\dfrac{I}{\pi a^2}\boldsymbol{e}_z;0$

2-4 $\dfrac{\rho I}{2\pi a^2}\boldsymbol{e}_\varphi(\rho<a)$；$\dfrac{I}{2\pi\rho}\boldsymbol{e}_\varphi(\rho\geqslant a)$

2-5 (1) $-0.27\times10^{-3}\sin(10\pi x)\cos(6\pi\times10^9 t-62.8z)\boldsymbol{i}$
$-0.13\times10^{-3}\cos(10\pi x)\sin(6\pi\times10^9 t-62.8z)\boldsymbol{k}$ A/m；
(2) $3\times10^8$ m/s

2-6 (1) $0.8\sin(377t-1.26\times10^{-6}x)\boldsymbol{k}$ A/m$^2$；
(2) $-2.1\times10^{-3}\cos(377t-1.26\times10^{-6}x)\boldsymbol{k}$ A/m$^2$
(3) $-2.4\times10^{8}\cos(377t-1.26\times10^{-6}x)\boldsymbol{k}$ A/m$^2$

2-7 $16.5\boldsymbol{j}$ A/m

2-8 (1) 80V/m；
(2) $\boldsymbol{H}_1=\dfrac{2}{3\pi}\cos(15\times10^8 t-5z)\boldsymbol{j}$ A/m
$\boldsymbol{H}_2=\dfrac{1}{30\pi}\cos(15\times10^8 t-5z)\boldsymbol{j}$ A/m
(3) $0.2\cos(1.5\times10^9 t-5z)\boldsymbol{i}$
(4) 略

2-9 $\dfrac{\boldsymbol{i}+\boldsymbol{j}-2\boldsymbol{k}}{32\sqrt{2}\pi\varepsilon_0}$

2-10 略

2-11 (1) $-2.8\times10^{-5}$J；(2) $-2.8\times10^{-5}$J

2-12 $\dfrac{\rho_l}{2\pi\varepsilon_0}\ln\dfrac{\rho_p}{\rho}$

3-1 (1) $\rho_V=4\varepsilon_0 cr$；(2) $4\pi\varepsilon_0 ca^4$；(3) $\dfrac{ca^4}{r^2}\boldsymbol{e}_r$；(4) $\dfrac{c}{3}(4a^3-r^3)$；$c\dfrac{a^4}{r}$

3-2 (1) $\dfrac{qr}{4\pi\varepsilon_0 a^3}\boldsymbol{e}_r$；(2) $\dfrac{q}{4\pi\varepsilon_0 r^2}\boldsymbol{e}_r$

3-3 面对应方程为$\left(x+\dfrac{5}{3}a\right)^2+y^2+z^2=\left(\dfrac{4}{3}a\right)^2$

3-4 $\dfrac{2\varepsilon_r+1}{2\varepsilon_r}\dfrac{\rho}{3\varepsilon_0}a^2$

3-5 $\begin{cases}\boldsymbol{E}_1=0(\rho<a)\\ \boldsymbol{E}_2=-A\left(1+\dfrac{a^2}{\rho}\right)\boldsymbol{e}_\rho(\rho\geqslant a)\end{cases}$

3-6 $2\varepsilon_0\dfrac{A}{d}$

3-7 (1) $\dfrac{Q}{\pi r^2(2\varepsilon_1+\varepsilon_2+\varepsilon_3)}\boldsymbol{e}_r$；(2) $\dfrac{Q}{\pi(2\varepsilon_1+\varepsilon_2+\varepsilon_3)}\left(\dfrac{1}{a}-\dfrac{1}{b}\right)$；

(3) $\frac{\pi ab}{b-a}(2\varepsilon_1+\varepsilon_2+\varepsilon_3)$

3-8 $\frac{\rho_l^2}{4\pi\varepsilon}\ln\left(\frac{b}{a}\right)$

3-9 $\frac{\rho_l}{2\pi\varepsilon}\ln\frac{\sqrt{x^2+(z+h)^2}}{\sqrt{x^2+(z-h)^2}}$

3-10 (1) 镜像电荷位置：①(0.366,1.366)，$-q$；②(−1.366,0.366)，$+q$；
③(−1.366,−0.366)，$-q$；④(0.366,−1.366)，$+q$；
⑤(1,−1)，$-q$

(2) 130V

3-11 $\frac{2\pi ab(\varepsilon_1+\varepsilon_2)}{b-a}$

3-12 $\frac{3\varepsilon_0(\varepsilon-\varepsilon_0)}{\varepsilon+2\varepsilon_0}E_0\cos\theta$

3-13 $1.31\times10^4\rho$ V/m；$1.31\times10^{-2}\frac{1}{\rho}$ V/m

3-14 $\boldsymbol{J}=\frac{\sigma_1\sigma_2U_0}{\rho[\sigma_2\ln(b/a)+\sigma_1\ln(c/b)]}\boldsymbol{e}_\rho$

$\boldsymbol{E}=\frac{\sigma_2U_0}{\rho[\sigma_2\ln(b/a)+\sigma_1\ln(c/b)]}\boldsymbol{e}_\rho \quad (a<\rho<b)$

$\boldsymbol{E}=\frac{\sigma_1U_0}{\rho[\sigma_2\ln(b/a)+\sigma_1\ln(c/b)]}\boldsymbol{e}_\rho \quad (b<\rho<c)$

3-15 $x=0$ 极板上的电荷密度为

$$\rho_{s0}=-\frac{\varepsilon_0U_0}{d}-\frac{\rho_0d}{6}$$

$x=d$ 极板上的电荷密度为

$$\rho_{sd}=\frac{\varepsilon_0U_0}{d}-\frac{\rho_0d}{3}$$

3-16 (1) $-E_0r\cos\theta+a^3E_0r^{-2}\cos\theta+aU_0r^{-1}$

(2) $-E_0r\cos\theta+a^3E_0r^{-2}\cos\theta+\frac{Q}{4\pi\varepsilon_0r}$

3-17 $\frac{q^2}{16\pi\varepsilon_0d}$

4-1 $0.126\times10^{-9}$

4-2 $\frac{1}{4\pi a\sigma}$

4-3 3.2Ω；3.9V

4-4　51.9V

4-5　(1) $E_1=\dfrac{\sigma_2 U}{d_2\sigma_1+d_1\sigma_2}, E_2=\dfrac{\sigma_1 U}{d_2\sigma_1+d_1\sigma_2}$

(2) $\rho_s=\dfrac{\varepsilon_2\sigma_1 U}{d_2\sigma_1+d_1\sigma_2}-\dfrac{\varepsilon_1\sigma_2 U}{d_2\sigma_1+d_1\sigma_2}$

(3) $\dfrac{\sigma_1\sigma_2 S}{d_2\sigma_1+d_1\sigma_2}$

(4) $\dfrac{\sigma_1}{\varepsilon_1}$

5-1　$0;\dfrac{\mu_0 I_1}{2\pi\rho}\boldsymbol{e}_\varphi;\ \dfrac{\mu_0(I_1+I_2)}{2\pi\rho}\boldsymbol{e}_\varphi$

5-2　(1) $0;\dfrac{I(\rho^2-a^2)}{2\pi\rho(b^2-a^2)}\boldsymbol{e}_\varphi;\dfrac{\mu_0 I}{2\pi\rho}\boldsymbol{e}_\varphi$; (2) $\dfrac{\mu_0 I}{\pi(b^2-a^2)}\boldsymbol{e}_z$

5-3　$\boldsymbol{H}_2=2.0\boldsymbol{i}+10.0\boldsymbol{j}$ (A/m)

5-4　$8.67\boldsymbol{j}$ (A/m)

5-5　$3.01\times10^{-7}$ H/m

5-6　$0.959\mu$H/m

5-7　$\mu_0 N^2\pi a^2/l$

5-8　$\dfrac{\sqrt{3}\mu_0}{2\pi}\left[(a+b)\ln\left(\dfrac{a+b}{a}\right)-b\right]$

5-9　$2.5\times10^{-6}$J

5-10　(1) 不是；(2) 是，$2a\boldsymbol{k}$；(3) 是，0；(4) 是，$a\cot\theta\boldsymbol{e}_r-2a\boldsymbol{e}_\theta$

5-11　$\dfrac{\mu_0 I}{2\pi\rho}\boldsymbol{e}_\varphi;\dfrac{\mu I}{2\pi\rho}\boldsymbol{e}_\varphi;$

5-12　$\dfrac{2\mu_2}{\mu_1+\mu_2}\boldsymbol{H}_0;\dfrac{2\mu_1}{\mu_1+\mu_2}\boldsymbol{H}_0$

5-13　$\dfrac{\mu_0 c}{2\pi}\ln\left(\dfrac{b}{a}\right)\left(\dfrac{d-a}{d-b}\right)$

5-14　$\boldsymbol{i}+2\dfrac{\mu_1}{\mu_2}\boldsymbol{j}+5\boldsymbol{k}$ A/m

6-1　(1) $E_{ym}\mathrm{e}^{\mathrm{j}\left(-kz+\phi_y-\frac{\pi}{2}\right)}\boldsymbol{j}$ 或 $-\mathrm{j}E_{ym}\mathrm{e}^{\mathrm{j}(-kz+\phi_y)}\boldsymbol{j}$；(2) $H_0\cos\left(\dfrac{\pi x}{a}\right)\mathrm{e}^{-\mathrm{j}kz}\boldsymbol{i}$

6-2　(1) $\cos(\omega t-kz)\boldsymbol{i}+\cos\left(\omega t-kz+\dfrac{\pi}{2}\right)\boldsymbol{j}$;

(2) $E_0\sin(\omega t-kz\sin\theta)\boldsymbol{j}$

6-3　(1) $E_0\sin\left(\dfrac{\pi y}{d}\right)\mathrm{e}^{-\mathrm{j}kz}\boldsymbol{i}$ (V/m);

(2) $\frac{k}{\omega\mu}E_0\sin\left(\frac{\pi y}{d}\right)e^{-jkz}\boldsymbol{j}-\frac{j\pi}{\omega\mu d}E_0\cos\left(\frac{\pi y}{d}\right)e^{-jkz}\boldsymbol{k}$ (A/m)；

(3) $\frac{k}{\omega\mu}E_0\sin\left(\frac{\pi y}{d}\right)\cos(\omega t-kz)\boldsymbol{j}+\frac{\pi}{\omega\mu d}E_0\cos\left(\frac{\pi y}{d}\right)\sin(\omega t-kz)\boldsymbol{k}$ (A/m)

6-4 (1) $-\frac{kE_0}{\omega\mu_0}\cos(\omega t-kz)\boldsymbol{i}$(A/m)；(2) $E_0e^{-jkz}\boldsymbol{j}$(V/m)

(3) $E_0\cos(\omega t-kz)\boldsymbol{j}$(V/m)；(4) $\frac{kE_0^2}{\omega\mu_0}\cos^2(\omega t-kz)\boldsymbol{k}$；$\frac{kE_0^2}{2\omega\mu_0}\boldsymbol{k}$

6-5 (1) 0；$\frac{E_0^2}{4}\sqrt{\frac{\varepsilon_0}{\mu_0}}\sin(2\omega t)$($W/m^2$)；0；

(2) 0

6-6 (1) $\frac{1}{120\pi}(3\boldsymbol{i}-4\boldsymbol{j})e^{-j\beta z}$ V/m；(2) $\frac{5}{24\pi}\cos^2(\omega t-\beta z)\boldsymbol{k}$；(3) $\frac{5}{48\pi}\boldsymbol{k}$

6-7 (1) 波沿 $x$ 轴正方向传播；

(2) 2m，$1.5\times10^8$ Hz；

(3) $120\pi H_0\cos(wt-\pi x)(\boldsymbol{j}-\boldsymbol{k})$ V/m；

(4) $240\pi H_0\cos^2(wt-\pi x)\boldsymbol{i}$ $W/m^2$

7-1 (1) $4.9\times10^8$ Hz；(2) 0.2s；(3) 10.3rad/m；(4) 2.1A/m

7-2 (1) 2πrad/m；(2) $1.5\times10^8$m；(3) 1m；(4) 188.5Ω

(5) 8.7mV/m；(6) 3.7mA/m

7-3 (1) 2.25；(2) $\boldsymbol{H}=1.5\cos(10^9t-5x)\boldsymbol{k}$ A/m；(3) $282.8\boldsymbol{i}$ $W/m^2$

7-4 (1) 良导体；(2) 480S/m；(3) 0.45mm

7-5 5.9μm

7-6 (1) 圆极化波；(2) 圆极化波；(3) 直线极化波；

(4) 椭圆极化波

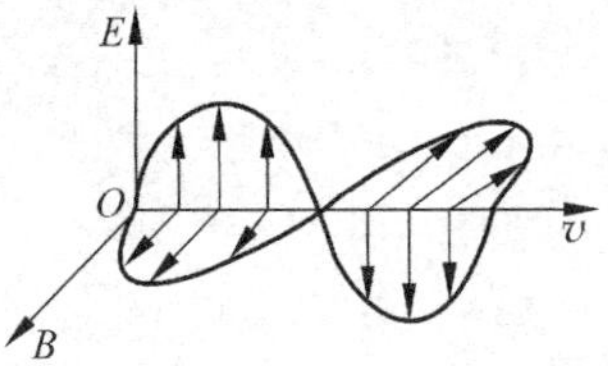


7-7 377Ω，260Ω；20.93rad/m，30.33rad/m

7-8 $\mu_r=2$，$\varepsilon_r=18$

7-9 33.3V/m，66.6V/m

8-1 2.286cm;3.976cm;$1.58\times10^{-2}$rad/m;500Ω

8-2 7.07GHz;12700

8-3 (1) 2.58～5.15GHz; (2) 6.56～13.12GHz; (3) 7.88～15.7GHz

8-4 (1) $TE_{10}$,$TE_{20}$; (2) $TE_{10}$,$TE_{20}$,$TE_{01}$,$TE_{11}$,$TM_{11}$,$TE_{30}$,$TE_{21}$,$TM_{21}$

8-5 7.07GHz;7.07GHz;8.66GHz

# 参考文献


[1] 王秀敏. 大学物理[M]. 北京：北京邮电大学出版社，2008.

[2] 谢处方，饶克谨. 电磁场与电磁波[M]. 4版. 北京：高等教育出版社，2006.

[3] 陆宏敏，赵永久，朱满座. 电磁场与电磁波基础[M]. 2版. 北京：科学出版社，2012.

[4] 刘岚，黄秋元，程莉，胡耀祖. 电磁场与电磁波基础[M]. 2版. 北京：电子工业出版社，2010.

[5] 冯林，杨显清，王园. 电磁场与电磁波[M]. 北京：机械工业出版社，2011.

[6] 钟顺时. 电磁场基础[M]. 北京：清华大学出版社，2006.

[7] [美] William H. Hayt，Jr，John A. Buck. 工程电磁学[M]. 6版. 北京：电子工业出版社，2004.

[8] [美] J A 埃德米尼斯特尔. 工程电磁场基础[M]. 北京：科学出版社，2002.

# 参考文献